石油企业岗位练兵手册

配电线路工

（第二版）

大庆油田有限责任公司　编

石油工业出版社

内 容 提 要

本书采用问答形式，对配电线路工岗位的相关知识和问题进行了介绍与解答。主要内容可分为基本素养、基础知识、基本技能三部分。基本素养包括企业文化、发展纲要和职业道德等内容；基础知识包括与配电线路工岗位密切相关的专业知识和 HSE 知识等内容；基本技能包括操作技能与常见问题及判断处理等内容。本书适合配电线路工阅读使用。

图书在版编目（CIP）数据

配电线路工 / 大庆油田有限责任公司编 . —2 版 .
—北京：石油工业出版社，2023.9
（石油企业岗位练兵手册）
ISBN 978-7-5183-6296-7

Ⅰ . ①配⋯   Ⅱ . ①大⋯   Ⅲ . ①配电线路 – 技术手册
Ⅳ . ① TM726-62

中国国家版本馆 CIP 数据核字（2023）第 169246 号

出版发行：石油工业出版社
　　　　　（北京市朝阳区安华里 2 区 1 号楼　100011）
　　　　　网　　址：www.petropub.com
　　　　　编辑部：（010）64255590
　　　　　图书营销中心：（010）64523633
经　　销：全国新华书店
印　　刷：北京中石油彩色印刷有限责任公司
2023 年 9 月第 2 版　2023 年 9 月第 1 次印刷
880×1230 毫米　开本：1/32　印张：9
字数：221 千字
定价：50.00 元

前言

　　岗位练兵是大庆油田的优良传统，是强化基本功训练、提升员工素质的重要手段。新时期、新形势下，按照全面加强"三基"工作的有关要求，为进一步强化和规范经常性岗位练兵活动，切实提高基层员工队伍的基本素质，按照"实际、实用、实效"的原则，大庆油田有限责任公司人事部组织编写、修订了基层员工《石油企业岗位练兵手册》丛书。围绕提升政治素养和业务技能的要求，本套丛书架构分为基本素养、基础知识、基本技能三部分，基本素养包括企业文化（大庆精神铁人精神、优良传统）、发展纲要和职业道德等内容；基础知识包括与工种岗位密切相关的专业知识和HSE知识等内容；基本技能包括操作技能和常见故障判断处理等内容。本套丛书的编写，严格依据最新行业规范和技术标准，同时充分结合目前专业知识更新、生产设备调整、操作工艺优化等实际情况，具有突出的实用性和规范性的特点，既能作为基层开展岗位练兵、提高业务技能的实用教材，也可以作为员工岗位自学、单位开展技能竞赛的参考资料。

希望各单位积极应用，充分发挥本套丛书的基础性作用，持续、深入地抓好基层全员培训工作，不断提升员工队伍整体素质，为实现公司科学发展提供人力资源保障。同时，希望各单位结合本套丛书的应用实践，对丛书的修改完善提出宝贵意见，以便更好地规范和丰富丛书内容，为基层扎实有效地开展岗位练兵活动提供有力支撑。

大庆油田有限责任公司人事部

2023 年 4 月 28 日

目 录

第二部分　基础知识

第三部分　基本技能

第一部分
基本素养

 企业文化

（一）名词解释

1. 石油精神： 石油精神以大庆精神铁人精神为主体，是对石油战线企业精神及优良传统的高度概括和凝练升华，是我国石油队伍精神风貌的集中体现，是历代石油人对人类精神文明的杰出贡献，是石油石化企业的政治优势和文化软实力。其核心是"苦干实干""三老四严"。

2. 大庆精神： 为国争光、为民族争气的爱国主义精神；独立自主、自力更生的艰苦创业精神；讲究科学、"三老四严"的求实精神；胸怀全局、为国分忧的奉献精神，凝练为"爱国、创业、求实、奉献"8个字。

3. 铁人精神："为国分忧、为民族争气"的爱国主义精神；"宁肯少活二十年，拼命也要拿下大油田"的忘我拼搏精神；"有条件要上，没有条件创造条件也要上"的艰苦奋斗精神；"干工作要经得起子孙万代检查""为革命练一身硬功夫、真本事"的科学求实精神；"甘愿为党和人民当一辈子老黄牛"、埋头苦干的无私奉献精神。

4. **三超精神**：超越权威，超越前人，超越自我。

5. **艰苦创业的六个传家宝**：人拉肩扛精神，干打垒精神，五把铁锹闹革命精神，缝补厂精神，回收队精神，修旧利废精神。

6. **三要十不**："三要"：一要甩掉石油工业的落后帽子；二要高速度、高水平拿下大油田；三要在会战中夺冠军，争取集体荣誉。"十不"：第一，不讲条件，就是说有条件要上，没有条件创造条件上；第二，不讲时间，特别是工作紧张时，大家都不分白天黑夜地干；第三，不讲报酬，干啥都是为了革命，为了石油，而不光是为了个人的物质报酬而劳动；第四，不分级别，有工作大家一起干；第五，不讲职务高低，不管是局长、队长，都一起来；第六，不分你我，互相支援；第七，不分南北东西，就是不分玉门来的、四川来的、新疆来的，为了大会战，一个目标，大家一起上；第八，不管有无命令，只要是该干的活就抢着干；第九，不分部门，大家同心协力；第十，不分男女老少，能干什么就干什么、什么需要就干什么。这"三要十不"，激励了几万职工团结战斗、同心协力、艰苦创业，一心为会战的思想和行动，没有高度觉悟是做不到的。

7. **三老四严**：对待革命事业，要当老实人，说老实话，办老实事；对待工作，要有严格的要求，严密的组织，严肃的态度，严明的纪律。

8. **四个一样**：对待革命工作要做到，黑天和白天一个样，坏天气和好天气一个样，领导不在场和领导在场一个样，没有人检查和有人检查一个样。

9. 思想政治工作"两手抓"：抓生产从思想入手，抓思想从生产出发。这是大庆人正确处理思想政治工作与经济工作关系的基本原则，也是大庆人思想政治工作的一条基本经验。

10. 岗位责任制管理：大庆油田岗位责任制，是大庆石油会战时期从实践中总结出来的一整套行之有效的基础管理方法，也是大庆油田特色管理的核心内容。其实质就是把全部生产任务和管理工作落实到各个岗位上，给企业每个岗位人员都规定出具体的任务、责任，做到事事有人管，人人有专责，办事有标准，工作有检查。它包括工人岗位责任制、基层干部岗位责任制、领导干部和机关干部岗位责任制。工人岗位责任制一般包括岗位专责制、交接班制、巡回检查制、设备维修保养制、质量负责制、岗位练兵制、安全生产制、班组经济核算制等8项制度；基层干部岗位责任制包括岗位专责制、工作检查制、生产分析制、经济活动分析制、顶岗劳动制、学习制度等6项制度；领导干部和机关干部岗位责任制包括岗位专责制、现场办公制、参加劳动制、向工人学习日制、工作总结制、学习制度等6项制度。

11. 三基工作：以党支部建设为核心的基层建设，以岗位责任制为中心的基础工作，以岗位练兵为主要内容的基本功训练。

12. 四懂三会：这是在大庆石油会战时期提出的对各行各业技术工人必备的基本知识、基本技能的基本要求，也是"应知应会"的基本内容。四懂即懂设备结构、懂设备原理、懂设备性能、懂工艺流程。三会即会操作、会维修保养、会排除故障。

13. 五条要求：人人出手过得硬，事事做到规格化，项项工程质量全优，台台在用设备完好，处处注意勤俭节约。

14. 会战时期"五面红旗"：王进喜、马德仁、段兴枝、薛国邦、朱洪昌。

15. 新时期铁人：王启民。

16. 大庆新铁人：李新民。

17. 新时代履行岗位责任、弘扬严实作风"四条要求"：要人人体现严和实，事事体现严和实，时时体现严和实，处处体现严和实。

18. 新时代履行岗位责任、弘扬严实作风"五项措施"：开展一场学习，组织一次查摆，剖析一批案例，建立一项制度，完善一项机制。

（二）问答

1. 简述大庆油田名称的由来。

1959年9月26日，新中国成立十周年大庆前夕，位于黑龙江省原肇州县大同镇附近的松基三井喷出了具有工业价值的油流，为了纪念这个大喜大庆的日子，当时黑龙江省委第一书记欧阳钦同志建议将该油田定名为大庆油田。

2. 中共中央何时批准大庆石油会战？

1960年2月13日，石油工业部以党组的名义向中共中央、国务院提出了《关于东北松辽地区石油勘探情况和今后部署问题的报告》。1960年2月20日中共中央正式批准大庆石油会战。

3. 什么是"两论"起家？

1960 年 4 月 10 日，大庆石油会战一开始，会战领导小组就以石油工业部机关党委的名义作出了《关于学习毛泽东同志所著〈实践论〉和〈矛盾论〉的决定》，号召广大会战职工学习毛泽东同志的《实践论》《矛盾论》和毛泽东同志的其他著作，以马列主义、毛泽东思想指导石油大会战，用辩证唯物主义的立场、观点、方法，认识油田规律，分析和解决会战中遇到的各种问题。广大职工说，我们的会战是靠"两论"起家的。

4. 什么是"两分法"前进？

即在任何时候，对任何事情，都要用"两分法"，形势好的时候要看到不足，保持清醒的头脑，增强忧患意识，形势严峻的时候更要一分为二，看到希望，增强发展的信心。

5. 简述会战时期"五面红旗"及其具体事迹。

"五面红旗"喻指大庆石油会战初期涌现的五位先进榜样：王进喜、马德仁、段兴枝、薛国邦、朱洪昌。钻井队长王进喜带领队伍人拉肩扛抬钻机，端水打井保开钻，在发生井喷的危急时刻，奋不顾身跳下泥浆池，用身体搅拌泥浆制服井喷。钻井队长马德仁在泥浆泵上水管线冻结时，不畏严寒，破冰下泥浆池，疏通上水管线。钻井队长段兴枝在吊车和拖拉机不足的情况下，利用钻机本身的动力设施，解决了钻机搬家的困难。大庆油田第一个采油队队长薛国邦自制绞车，给第一批油井清蜡，又手持蒸汽管下到油池里化开凝结的原油，保证了大庆油田首次原油外运列车顺利启程。工程队队长朱洪昌在供水管线漏水时，用手捂着漏点，忍着灼烧的疼痛，让焊工焊接裂缝，保证了供水工程提前竣工。

6. 大庆油田投产的第一口油井和试注成功的第一口水井各是什么？

1960年5月16日，大庆油田第一口油井中7-11井投产；1960年10月18日，大庆油田第一口注水井7排11井试注成功。

7. 大庆石油会战时期讲的"三股气"是指什么？

对一个国家来讲，就要有民气；对一个队伍来讲，就要有士气；对一个人来讲，就要有志气。三股气结合起来，就会形成强大的力量。

8. 什么是"九热一冷"工作法？

大庆石油会战中创造的一种领导工作方法。是指在1旬中，有9天"热"，1天"冷"。每逢十日，领导干部再忙，也要坐在一起开务虚会，学习上级指示，分析形势，总结经验，从而把感性认识提高到理性认识上来，使领导作风和领导水平得到不断改进和提高。

9. 什么是"三一""四到""五报"交接班法？

对重要的生产部位要一点一点地交接、对主要的生产数据要一个一个地交接、对主要的生产工具要一件一件地交接。交接班时应该看到的要看到、应该听到的要听到、应该摸到的要摸到、应该闻到的要闻到。交接班时报检查部位、报部件名称、报生产状况、报存在的问题、报采取的措施，开好交接班会议，会议记录必须规范完整。

10. 大庆油田原油年产5000万吨以上持续稳产的时间是哪年？

1976年至2002年，大庆油田实现原油年产5000万吨以上连续 27 年高产稳产,创造了世界同类油田开发史上的奇迹。

11. 大庆油田原油年产 4000 万吨以上持续稳产的时间是哪年?

2003 年至 2014 年,大庆油田实现原油年产 4000 万吨以上连续 12 年持续稳产,继续书写了"我为祖国献石油"新篇章。

12. 中国石油天然气集团有限公司企业精神是什么?

石油精神和大庆精神铁人精神。

13. 中国石油天然气集团有限公司的主营业务是什么?

中国石油天然气集团有限公司是国有重要骨干企业和全球主要的油气生产商和供应商之一,是集国内外油气勘探开发和新能源、炼化销售和新材料、支持和服务、资本和金融等业务于一体的综合性国际能源公司,在全球 32 个国家和地区开展油气投资业务。

14. 中国石油天然气集团有限公司的企业愿景和价值追求分别是什么?

企业愿景:建设基业长青世界一流综合性国际能源公司;

企业价值追求:绿色发展、奉献能源,为客户成长增动力、为人民幸福赋新能。

15. 中国石油天然气集团有限公司的人才发展理念是什么?

生才有道、聚才有力、理才有方、用才有效。

16. 中国石油天然气集团有限公司的质量安全环保理念是什么?

以人为本、质量至上、安全第一、环保优先。

17. 中国石油天然气集团有限公司的依法合规理念是什么？

法律至上、合规为先、诚实守信、依法维权。

 发展纲要

（一）名词解释

1. **三个构建**：一是构建与时俱进的开放系统；二是构建产业成长的生态系统；三是构建崇尚奋斗的内生系统。

2. **一个加快**：加快推动新时代大庆能源革命。

3. **抓好"三件大事"**：抓好高质量原油稳产这个发展全局之要；抓好弘扬严实作风这个标准价值之基；抓好发展接续力量这个事关长远之计。

4. **谱写"四个新篇"**：奋力谱写"发展新篇"；奋力谱写"改革新篇"；奋力谱写"科技新篇"；奋力谱写"党建新篇"。

5. **统筹"五大业务"**：大力发展油气业务；协同发展服务业务；加快发展新能源业务；积极发展"走出去"业务；特色发展新产业新业态。

6. **"十四五"发展目标**：实现"五个开新局"，即稳油增气开新局；绿色发展开新局；效益提升开新局；幸福生活开新局；企业党建开新局。

7. **高质量发展重要保障**：思想理论保障；人才支持保障；基础环境保障；队伍建设保障；企地协作保障。

（二）问答

1. 习近平总书记致大庆油田发现 60 周年贺信的内容是什么？

值此大庆油田发现 60 周年之际，我代表党中央，向大庆油田广大干部职工、离退休老同志及家属表示热烈的祝贺，并致以诚挚的慰问！

60 年前，党中央作出石油勘探战略东移的重大决策，广大石油、地质工作者历尽艰辛发现大庆油田，翻开了中国石油开发史上具有历史转折意义的一页。60 年来，几代大庆人艰苦创业、接力奋斗，在亘古荒原上建成我国最大的石油生产基地。大庆油田的卓越贡献已经镌刻在伟大祖国的历史丰碑上，大庆精神、铁人精神已经成为中华民族伟大精神的重要组成部分。

站在新的历史起点上，希望大庆油田全体干部职工不忘初心、牢记使命，大力弘扬大庆精神、铁人精神，不断改革创新，推动高质量发展，肩负起当好标杆旗帜、建设百年油田的重大责任，为实现"两个一百年"奋斗目标、实现中华民族伟大复兴的中国梦作出新的更大的贡献！

2. 当好标杆旗帜、建设百年油田的含义是什么？

当好标杆旗帜——树立了前行标尺，是我们一切工作的根本遵循。大庆油田要当好能源安全保障的标杆、国企深化改革的标杆、科技自立自强的标杆、赓续精神血脉的标杆。

建设百年油田——指明了前行方向，是我们未来发展的奋斗目标。百年油田，首先是时间的概念，追求能源主业的升级发展，建设一个基业长青的百年油田；百年油田，也是空间的拓展，追求发展舞台的开辟延伸，建设一个走向世界的百年油田；百年油田，更是精神的赓续，追求红色基因的传承弘扬，建设一个旗帜高扬的百年油田。

3. 大庆油田 60 多年的开发建设取得的辉煌历史有哪些？

大庆油田 60 多年的开发建设，为振兴发展奠定了坚实基础。建成了我国最大的石油生产基地；孕育形成了大庆精神铁人精神；创造了世界领先的陆相油田开发技术；打造了过硬的"铁人式"职工队伍；促进了区域经济社会的繁荣发展。

4. 开启建设百年油田新征程两个阶段的总体规划是什么？

第一阶段，从现在起到 2035 年，实现转型升级、高质量发展；第二阶段，从 2035 年到本世纪中叶，实现基业长青、百年发展。

5. 大庆油田"十四五"发展总体思路是什么？

坚持以习近平新时代中国特色社会主义思想为指导，深入贯彻落实党的二十大精神，牢记践行习近平总书记重要讲话重要指示批示精神特别是"9·26"贺信精神，完整、准确、全面贯彻新发展理念，服务和融入新发展格局，立足增强能源供应链稳定性和安全性，贯彻落实国家"十四五"现代能源体系规划，认真落实中国石油天然气集团有限公司党组和黑龙江省委省政府部署要求，全面加强党的领导党的建设，坚持稳中求进工作总基调，突出高质量发展主题，遵循"四个坚持"兴企方略和"四化"治企准则，推进实施以抓好"三件大事"为总纲、以谱写"四个新篇"为实践、以统筹"五大业务"为发展支撑的总体战略布局，全面提升企业的创新力、竞争力和可持续发展能力，当好标杆旗帜、建设百年油田，开创油田高质量发展新局面。

6. 大庆油田"十四五"发展基本原则是什么？

坚持"九个牢牢把握"，即牢牢把握"当好标杆旗帜"这个根本遵循；牢牢把握"市场化道路"这个基本方向；牢牢把握"低成本发展"这个核心能力；牢牢把握"绿色低碳转型"这个发展趋势；牢牢把握"科技自立自强"这个战略支撑；牢牢把握"人才强企工程"这个重大举措；牢牢把握"依法合规治企"这个内在要求；牢牢把握"加强作风建设"这个立身之本；牢牢把握"全面从严治党"这个政治引领。

7. 中国共产党第二十次全国代表大会会议主题是什么？

高举中国特色社会主义伟大旗帜，全面贯彻新时代中国特色社会主义思想，弘扬伟大建党精神，自信自强、守正创新，踔厉奋发、勇毅前行，为全面建设社会主义现代化国家、全面推进中华民族伟大复兴而团结奋斗。

8. 在中国共产党第二十次全国代表大会上的报告中，中国共产党的中心任务是什么？

从现在起，中国共产党的中心任务就是团结带领全国各族人民全面建成社会主义现代化强国、实现第二个百年奋斗目标，以中国式现代化全面推进中华民族伟大复兴。

9. 在中国共产党第二十次全国代表大会上的报告中，中国式现代化的含义是什么？

中国式现代化，是中国共产党领导的社会主义现代化，既有各国现代化的共同特征，更有基于自己国情的中国特色。中国式现代化是人口规模巨大的现代化；中国式现代化是全体人民共同富裕的现代化；中国式现代化是物质文明和精神文明相协调的现代化；中国式现代化是人与自然和谐共生的现代化；中国式现代化是走和平发展道路的现代化。

10. 在中国共产党第二十次全国代表大会上的报告中，两步走是什么？

全面建成社会主义现代化强国，总的战略安排是分两步走：从二〇二〇年到二〇三五年基本实现社会主义现代化；从二〇三五年到本世纪中叶把我国建成富强民主文明和谐美丽的社会主义现代化强国。

11. 在中国共产党第二十次全国代表大会上的报告中，"三个务必"是什么？

全党同志务必不忘初心、牢记使命，务必谦虚谨慎、艰苦奋斗，务必敢于斗争、善于斗争，坚定历史自信，增强历史主动，谱写新时代中国特色社会主义更加绚丽的华章。

12. 在中国共产党第二十次全国代表大会上的报告中，牢牢把握的"五个重大原则"是什么？

坚持和加强党的全面领导；坚持中国特色社会主义道路；坚持以人民为中心的发展思想；坚持深化改革开放；坚持发扬斗争精神。

13. 在中国共产党第二十次全国代表大会上的报告中，十年来，对党和人民事业具有重大现实意义和深远意义的三件大事是什么？

一是迎来中国共产党成立一百周年，二是中国特色社会主义进入新时代，三是完成脱贫攻坚、全面建成小康社会的历史任务，实现第一个百年奋斗目标。

14. 在中国共产党第二十次全国代表大会上的报告中，坚持"五个必由之路"的内容是什么？

全党必须牢记，坚持党的全面领导是坚持和发展中国特色社会主义的必由之路，中国特色社会主义是实现中华民族伟大复兴的必由之路，团结奋斗是中国人民创造历史伟业的必由之路，贯彻新发展理念是新时代我国发展壮大的必由之路，全面从严治党是党永葆生机活力、走好新的赶考之路的必由之路。

 ## 职业道德

（一）名词解释

1.**道德**：是调节个人与自我、他人、社会和自然界之间关系的行为规范的总和。

2.**职业道德**：是同人们的职业活动紧密联系的、符合职业特点所要求的道德准则、道德情操与道德品质的总和。

3.**爱岗敬业**：爱岗就是热爱自己的工作岗位，热爱自己从事的职业；敬业就是以恭敬、严肃、负责的态度对待工作，一丝不苟，兢兢业业，专心致志。

4.**诚实守信**：诚实就是真心诚意，实事求是，不虚假，不欺诈；守信就是遵守承诺，讲究信用，注重质量和信誉。

5.**劳动纪律**：是用人单位为形成和维持生产经营秩序，保证劳动合同得以履行，要求全体员工在集体劳动、工作、生活过程中，以及与劳动、工作紧密相关的其他过程中必须共同遵守的规则。

6.**团结互助**：指在人与人之间的关系中，为了实现共同的利益和目标，互相帮助，互相支持，团结协作，共同发展。

（二）问答

1. 社会主义精神文明建设的根本任务是什么？

适应社会主义现代化建设的需要，培育有理想、有道德、有文化、有纪律的社会主义公民，提高整个中华民族的思想道德素质和科学文化素质。

2. 我国社会主义道德建设的基本要求是什么？

爱祖国、爱人民、爱劳动、爱科学、爱社会主义。

3. 为什么要遵守职业道德？

职业道德是社会道德体系的重要组成部分，它一方面具有社会道德的一般作用，另一方面它又具有自身的特殊作用，具体表现在：（1）调节职业交往中从业人员内部以及从业人员与服务对象间的关系。（2）有助于维护和提高本行业的信誉。（3）促进本行业的发展。（4）有助于提高全社会的道德水平。

4. 爱岗敬业的基本要求是什么？

（1）要乐业。乐业就是从内心里热爱并热心于自己所从事的职业和岗位，把干好工作当作最快乐的事，做到其乐融融。（2）要勤业。勤业是指忠于职守，认真负责，刻苦勤奋，不懈努力。（3）要精业。精业是指对本职工作业务纯熟，精益求精，力求使自己的技能不断提高，使自己的工作成果尽善尽美，不断地有所进步、有所发明、有所创造。

5. 诚实守信的基本要求是什么？

（1）要诚信无欺。（2）要讲究质量。（3）要信守合同。

6. 职业纪律的重要性是什么？

职业纪律影响企业的形象，关系企业的成败。遵守职业纪律是企业选择员工的重要标准，关系到员工个人事业成功与发展。

7. 合作的重要性是什么？

合作是企业生产经营顺利实施的内在要求，是从业人员汲取智慧和力量的重要手段，是打造优秀团队的有效途径。

8. 奉献的重要性是什么？

奉献是企业发展的保障，是从业人员履行职业责任的必由之路，有助于创造良好的工作环境，是从业人员实现职业理想的途径。

9. 奉献的基本要求是什么？

（1）尽职尽责。要明确岗位职责，培养职责情感，全力以赴工作。（2）尊重集体。以企业利益为重，正确对待个人利益，树立职业理想。（3）为人民服务。树立为人民服务的意识，培育为人民服务的荣誉感，提高为人民服务的本领。

10. 企业员工应具备的职业素养是什么？

诚实守信、爱岗敬业、团结互助、文明礼貌、办事公道、勤劳节俭、开拓创新。

11. 培养"四有"职工队伍的主要内容是什么？

有理想、有道德、有文化、有纪律。

12. 如何做到团结互助？

（1）具备强烈的归属感。（2）参与和分享。（3）平等尊重。（4）信任。（5）协同合作。（6）顾全大局。

13. 职业道德行为养成的途径和方法是什么？

（1）在日常生活中培养。从小事做起，严格遵守行为规范；从自我做起，自觉养成良好习惯。（2）在专业学习中训练。增强职业意识，遵守职业规范；重视技能训练，提高职业素养。（3）在社会实践中体验。参加社会实践，培养职业道德；学做结合，知行统一。（4）在自我修养中提高。体验生活，经常进行"内省"；学习榜样，努力做到"慎独"。（5）在职业活动中强化。将职业道德知识内化为信念；将职业道德信念外化为行为。

14. 员工违规行为处理工作应当坚持的原则是什么？

（1）依法依规、违规必究；（2）业务主导、分级负责；（3）实事求是、客观公正；（4）惩教结合、强化预防。

15. 对员工的奖励包括哪几种？

奖励种类包括通报表彰、记功、记大功、授予荣誉称号、成果性奖励等。在给予上述奖励时，可以是一定的物质奖励。物质奖励可以给予一次性现金奖励（奖金）或实物奖励，也可根据需要安排一定时间的带薪休假。

16. 员工违规行为处理的方式包括哪几种？

员工违规行为处理方式分为：警示诫勉、组织处理、处分、经济处罚、禁入限制。

17.《中国石油天然气集团公司反违章禁令》有哪些规定？

为进一步规范员工安全行为，防止和杜绝"三违"现象，保障员工生命安全和企业生产经营的顺利进行，特制定本禁令。

一、严禁特种作业无有效操作证人员上岗操作；

二、严禁违反操作规程操作；

三、严禁无票证从事危险作业；

四、严禁脱岗、睡岗和酒后上岗；

五、严禁违反规定运输民爆物品、放射源和危险化学品；

六、严禁违章指挥、强令他人违章作业。

员工违反上述禁令，给予行政处分；造成事故的，解除劳动合同。

第二部分
基础知识

 专业知识

（一）名词解释

1.线路： 电力系统中最重要的设备之一，电能从发电端传输到用户设备，接线型式、线型等直接影响到电网可靠性、线损等指标。

2.断路器： 切断和接通负荷电路，以及切断故障电路，防止事故扩大，保证安全运行。断路器能带负荷操作，具有灭弧能力。

3.隔离开关： 一种在分闸位置时其触头之间有符合规定的绝缘距离和可见断口；在合闸位置时能承载正常工作电流及短路电流的开关设备。当工作电流较小或隔离开关每极的两接线端间的电压在关合和开断前后无显著变化时，隔离开关具有关合和开断回路的能力，不具有灭弧能力，兼有操作和隔离功能。

4.母线： 起汇集和分配电能的作用，又称汇流排。在原理上它是电路中的一个电气节点，决定了配电装置设备的数量，并表明以什么方式来连接发电机、变压器和线路，以及怎样与系统连接来完成输配电任务。

5. **消弧线圈**：是一个具有铁芯的可调电感线圈，装设在变压器或发电机的中性点，当发生单相接地故障时，起减少接地电流和消弧作用。

6. **电抗器**：是电阻很小的电感线圈，线圈各匝之间彼此绝缘，整个线圈与接地部分绝缘。电抗器串联在电路中限制短路电流。

7. **一次设备**：直接与生产电能和输配电有关的设备，包括各种高压断路器、隔离开关、母线、电力电缆、电压互感器、电流互感器、电抗器、避雷器、消弧线圈、并联电容器及高压熔断器等。

8. **二次设备**：对一次设备进行监视、测量、操纵控制和保护作用的辅助设备，如各种继电器、信号装置、测量仪表、录波记录装置以及遥测、遥信装置和各种控制电缆、小母线等。

9. **高压验电器**：用来检查高压网络变配电设备、架空线、电缆是否带电的工具。

10. **接地线**：是为了在已停电的设备和线路上意外出现电压时保护工作人员的重要工具，接地线必须是 $25mm^2$ 以上裸铜软线制成。

11. **标示牌**：具有标记、警示的作用，通过视觉来警告人们不得接近设备和带电部分，指示为工作人员准备的工作地点，提醒采取安全措施，以及禁止某设备或某段线路合闸通电的通告示牌。标示牌可分为警告类、指令类、提示类和禁止类等。

12. **绝缘棒**：又称令克棒、绝缘拉杆、操作杆等。绝缘棒由工作头、绝缘杆和握柄三部分构成，它在闭合或拉开高压隔离开关，装拆携带式接地线，以及进行测量和试验时使用。

13. **相序**：就是相位的顺序，是交流电的瞬时值从负值向正值变化经过零值的依次顺序。

14. **遮栏**：为防止工作人员无意碰到带电设备部分而装设的屏护，分临时遮栏和常设遮栏两种。

15. **变压器**：一种静止的电气设备，它利用电磁感应原理将一种电压等级的交流电能转变成另一种电压等级的交流电能。

16. **动力系统**：发电厂、变电所及用户的用电设备，其相互间以电力网及热力网（或水力）系统连接起来的总体。

17. **电力系统**：动力系统中的电气部分，诸如发电机、变压器、配电装置、用电设备，用电力线路连接起来所构成的网络。因此，电力系统是发电厂、变电所、输电线路和用电设备组成的整体。

18. **电力网**：电力网是将各电压等级的输电线路和各种类型的变电所连接而成的网络。按其在电力系统中的作用不同，分为输电网和配电网。

19. **输电网**：将发电厂、变电所或变电所之间连接起来的送电网络，所以又可称为电力网中的主网架。

20. **配电网**：直接将电能送到用户的网络。配电网的电压根据用户的需要而定，因此，配电网又分高压配电网、中压配电网及低压配电网。

21. **额定电压**：能使电力设备正常运行的电压。各种电力设备在额定电压下运行，其技术性能和经济效益最好。

22. **杆塔**：杆塔用来支持导线及杆塔上金具、横担和电气设备，使导线与大地和其他建筑物保持足够的安全距离，在各种条件下，保证线路可靠运行。

23. **直线杆**：设立于配电线路的直线段上，在正常的工作条件下能够承受线路侧面的风荷重及导线的重量，但不能承受线路方面的导线荷重。

24. **转角杆**：设立于线路方向改变的地方，用于线路的转弯处。在正常工作条件下，能承受导线拉力产生的角度荷重和线路侧面的风荷重，在事故条件下能承受线路方向导线的荷重。

25. **耐张杆**：设立于直线段上的若干直线杆之间，在正常工作条件下能够承受线路侧面的风荷重，它还可以承受导线的拉力，在事故条件下能承受线路方向的导线荷重。

26. **终端杆**：设立于配电线路的首端及末端，在正常工作条件下能够承受线路方向全部导线的荷重及线路侧面的风荷重。

27. **跨越杆**：用于跨越铁路、通航河道、公路、建筑物、林带和电力线路等大跨越的杆塔。

28. **分支杆**：线路分支处的杆塔。正常情况下分支杆除承受直线杆所承受的荷重外，还要承受分支导线的垂直荷重、水平风力荷重和顺分支线方向导线的全部拉力。

29. **耐张段**：架空线路中相邻耐张型杆塔（承力杆塔）之间的线路段。

30. **连接金具**：用来将绝缘子组装成串，并将绝缘子与杆塔及悬垂线夹或耐张线夹连接成一体，以及将拉线金具与杆塔、地锚固定的金属器具。

31. **接续金具**：用于架空线路导线、地线终端及跳线的接续，以及导线、地线修补的金属器具。

32. **支持金具**：架空线路中用于支持导线和绝缘子，保证线路正常运行的金属器具。

33. **保护金具**：是用来防止导线和绝缘子在运行中由于各种原因所产生机械或电气损伤的金具。

34. **档距**：相邻两杆塔中心之间的水平距离称为架空电力线路的档距。

35. **根开**：杆塔基础中心点之间的距离。

36. **水平档距**：杆塔两侧档距中点间的水平距离或杆塔两侧档距的平均值称为该杆塔的水平档距。

37. **垂直档距**：杆塔两侧导线最低点间的水平距离。

38. **极大档距**：如果某档距导线悬挂点张力的安全系数正好等于规程要求的 2.25 时，则称为极大档距。

39. **弧垂**：导线上任何一点至导线两侧悬挂点连线之间的垂直距离（沿铅垂线下降的程度）称为导线上该点的弧垂或弧度。

40. **一般缺陷**：设备存在不符合规程要求的缺陷，虽然超过了允许运行标准，但是程度不如重大缺陷严重，发展速度较慢，可在较长时间内运行，可以列入年度维修计划或在下一年度大修工程中消除。

41. **重大缺陷**：设备存在的缺陷严重超出了允许运行标准，如不采取措施在短期内消除，将威胁人身、设备安全，此类缺陷应在短期内消除。

42. **紧急缺陷**：设备存在的缺陷如不立即处理，随时可能危及人身安全，引起火灾或者造成设备事故，此类缺陷应立即处理。

43. **跨步电压**：当电气设备发生接地故障，接地电流通过接地体向大地流散，这时有人在接地短路点周围行走，其两脚之间的电位差。

44.防雷装置： 一套完整的防雷装置包括接闪器、引下线和接地装置。避雷针、避雷线、避雷网、避雷带、避雷器都是经常采用的防雷装置。

45.工作接地： 为了保证电气设备在正常和事故情况下能安全地运行，电力系统中的某一点运行接地。

46.重复接地： 将零线一点或多点与大地再次进行金属性连接。

47.接地装置： 接地体和接地线的总称。接地体是指埋入地中并直接与大地接触的金属导体。接地线是指电气设备的金属外壳与接地体相连接的导体。

48.接地电阻： 接地装置的接地电阻是指接地线电阻、接地体电阻、接地体与土壤之间的过渡电阻和土壤流散电阻的总和。

49.大电流接地系统： 发电机和电力变压器中性点直接与大地连接并与输配电线路及用户构成的电力系统。

50.小电流接地系统： 发电机和电力变压器中性点不与大地连接并与输配电线路及用户构成的电力系统。

51.电力设施的运行状态： 供电设施与电网相连，并处于带电状态。

52.电力设施的停运状态： 供电设施由于故障、缺陷或检修、维修、试验等原因，与电网断开而不带电状态。停运状态分为故障停运和预安排停运两种。

53.接地故障： 又称线路单相接地短路故障，它是由于线路某一相的一点对地绝缘性能丧失，该相电流经此点流入大地造成的。

54.零序电流：电力系统中任一点发生单相或两相的接地短路故障时，系统中就会产生零序电流。此时，在接地故障点会出现一个零序电压，在此电压作用下就会产生零序电流。零序电流是从故障点经大地至电气设备中性点接地后返回故障点，为回路特有的一种反映接地故障的电流。

55.高频电流：高频保护回路中的高频信号电流。这个电流与工频电流相比而得名，工频电流变化频率为50Hz，而高频电流变化频率为35kHz以上，现在系统用的高频电流一般是35～500kHz。

56.击穿电压：绝缘材料在电压作用下，超过一定临界值时，介质突然失去绝缘能力而发生的放电现象称为击穿，这一临界值称为击穿电压。

57.助增电流：是影响距离保护正确工作的一种附加电流。因为在许多情况下，保护安装处与故障点之间联系有其他分支电流，这些电源将供给附加的短路电流，使通过故障线路的电流大于流入保护装置的电流。这个电流即助增电流。

58.电容式电压互感器：利用电容分压原理实现电压变换的电压互感器。

59.配电装置：各种一次电气设备按照一定要求连接建造而成的用以表示电能的生产、输送和分配的电工建筑物。

60.线路的电流保护：在电力系统中，输电线路发生相间短路故障时，线路中的电流增大，母线电压降低，利用电流增大这一特征，构成当电流超过某一预定值时电流继电器动作的保护。

61. **阶梯时限特性**：各保护装置动作时限是从用户到电源逐级增长的，越靠近电源的线路，过电流保护装置的动作时限越长，似一个阶梯，因此称为阶梯时限特性。

62. **重合闸前加速**：当线路上发生故障时，靠近电源侧的保护首先无选择性地瞬时动作于跳闸，而后再借助自动重合闸来纠正这种非选择性动作。

63. **重合闸后加速**：当线路发生故障时，保护按整定值动作，线路开关断开，重合闸马上动作。若是瞬时性故障，在线路开关断开后，故障消失，重合闸成功，线路恢复供电；若是永久性故障，重合闸后，保护时间元件被退出，使其变为0s跳闸，这便是重合闸动作后故障未消失加速跳闸，跳闸切除故障点。

64. **绝缘材料**：在允许电压下不导电的材料，电阻率通常在 $10^{10} \sim 10^{22}\Omega \cdot m$ 的范围内，在电工技术上被称为绝缘材料，也称电介质。

65. **交接验收试验**：对于新安装和大修后的电气设备也要进行试验，称为交接验收试验。

66. **过电压**：超过正常运行电压并可使电力系统绝缘或保护设备损坏的电压升高。

67. **大气过电压**：由雷电引起的过电压，又称外部过电压。

68. **内部过电压**：电力系统中由内部操作或故障引起的过电压。

69. **直击雷过电压**：雷电直接对电气设备或线路放电，将电气设备或线路击毁的过电压。

70. **感应雷过电压**：当雷击中线路附近的地面或物体时，会在架空线路上出现感应电压，它会使绝缘较低的电气设备发生闪络事故。

71. 雷暴日： 每年中有雷电的天数，即在一天内只要听到雷声就作为一个雷暴日。

72. 一类负荷： 这类用户停电将造成人身事故、设备损坏、产品报废、生产秩序长期不能恢复、市政生活混乱等。

73. 二类负荷： 这类负荷供电中断将造成大量减产，使人民生活受到影响。

74. 三类负荷： 不属于一、二类的负荷。

75. 标幺值： 参与短路电流计算的各电气量（如电流、电压、功率和电抗等）都用相对值来表示，即电气量的实际值与某一选定的同单位的基准值的比值。

76. 状态检修： 是企业以安全、环境、效益等为基础，通过设备的状态评价、风险分析、检修决策等手段开展设备检修工作，达到设备运行安全可靠、检修成本合理的一种设备检修策略。

77. 电缆线路： 由电缆、附件、附属设备及附属设施组成的整个系统。

78. 电缆线路附属设备： 与电缆系统一起形成完整电缆线路的附属装置与部件，包括油路系统、交叉互联系统、接地系统、监控系统等。

79. 电缆线路附属设施： 与电缆系统一起形成完整电缆线路的土建设施，主要包括电缆隧道、电缆竖井、排管、工井电缆沟、电缆桥、电缆终端站等。

80. 电缆分接箱： 主要由电缆和电缆附件构成的电缆连接设备，用于配电系统中电缆线路的汇集和分接，完成电能的分配与馈送。

（二）问答

1. 电力网如何按电压等级分类？

1kV 以下的电网称低压网，1 ～ 330kV 称高压网，500kV 及以上的电网称超高压网。通常将 35kV 及以上的线路称为送电线路，35kV 以下的线路，如 20kV、10kV 及低压线路称为配电线路。

2. 电路由哪几部分组成？各起什么作用？

电路是由电源、负载、连接导线和辅助设备组成的。电源供给电能，而负载是把电能转换为其他形式的能量，导线则将电源与负载连接起来组成电路，把电能传送给负载。辅助设备是用来控制电路的电气设备。电路在电力系统中主要用于传输、转换电能并传递信息。

3. 配电线路工的主要工作是什么？

配电线路工的主要工作是对 6 ～ 10kV 配电线路进行检修和维护，以确保 6 ～ 10kV 配电线路的平稳供电。主要工作项目包括检修、维护、倒闸、线路架设施工等。

4. 对电力线路的基本要求是什么？

（1）供电可靠。（2）电压质量好。（3）供电安全经济。

5. 线路的预防性维护措施有哪些？

（1）防污措施。（2）防冻措施。（3）防暑、防腐和防鸟害措施。（4）防风与防振措施。（5）防外力破坏和金具断裂措施。

6. 提高功率因数的意义有哪些？

（1）能减少线路损失。（2）可提高设备的利用率，提高电网的输送能力。（3）可使发电机按照额定容量输出。（4）可以改善电压质量。

7. 电容器无功补偿的方式有哪几种？

（1）变电所高压集中补偿。（2）线路补偿。（3）随器补偿。（4）随机补偿。（5）低压集中补偿。

8. 中性线的作用是什么？

在电源和负载做星形连接的系统中，中性线的作用就是消除由于三相负载不对称而引起的中性点位移。三相负载不对称时，必须接入中性线，且使中性线阻抗很小，才能消除中性点位移。一般照明负载很难做到三相平衡，所以应采用三相四线制供电方式。

9. 什么是中性点位移现象？

在三相线路中，在电源电压对称的情况下，如果三相负载对称，根据克西荷夫定律，不管有无中性线，中性点的电压都等于零。如果三相负载不对称，而且没有中性线或者中性线阻抗较大，则负载中性点就会出现电压。即电源中性点 O 和负载中性点 O′ 之间电压 $U_{OO'}$ 不再为零，这种现象称为中性点位移。

10. 中性点不接地系统的适用范围有哪些？

（1）电压低于 500V 的三相三线制装置。（2）当接地电流 $I_c \leqslant$ 30A 时的 3～10kV 系统。（3）当接地电流 $I_c \leqslant$ 10A 时的 20～60kV 系统。（4）当接地电流 $I_c \leqslant$ 5A 时，与发电机直接作电气连接的 3～20kV 系统。

11. 接地系统按作用不同可分为哪几类？

（1）工作接地。（2）保护接地。（3）防雷接地。

12. 工作接地有什么作用？

工作接地在减轻故障触电的危险、稳定电网电位等方面起着重要的作用。

13. 保护接地的保护原理是什么？

由于接地电阻远远小于人体电阻，当有人触及漏电设备时，接地装置的分流作用使流过人体的电流小于安全电流，或者说可把人体的接触电压降低至安全电压以下，从而保证人身安全。

14. 保护接地与保护接零各适用于哪种电网？

保护接地一般适用于中性点不接地电网。保护接零一般适用于中性点接地电网。

15. 对高压电气设备的保护接地，接地电阻有哪些要求？

（1）大接地短路电流系统：在大接地短路系统中，由于接地短路电流很大，接地装置一般采用棒形和带形接地体联合组成环形接地网，以均压的措施达到降低跨步电压和接触电压的目的，一般要求接地电阻小于 0.5Ω。（2）小接地短路电流系统：当高压设备与低压设备共用接地装置时，要求在设备发生接地故障时，对地电压不超过 120V，要求接地电阻小于 10Ω；当高压设备单独装设接地装置时，对地电压可放宽至 250V，要求接地电阻不大于 10Ω。

16. 对低压电气设备的保护接地，接地电阻有哪些要求？

在 1kV 以下中性点直接接地与不接地系统中，单相接地短路电流一般都很小。为限制漏电设备外壳对地电压不超过安全范围，要求保护接地电阻小于 4Ω。

17. 对接地体的材料及规格有哪些要求？

（1）接地体的材料一般由钢管、角钢等制成，一般采用的钢管壁厚应大于 3.5mm，外径大于 25mm，如果钢管直径超过 50mm 时，虽然管径增大，但散流电阻降低得很少。（2）从经济观点来看，采用管径不超过 50mm 的钢管较为合适。（3）如果管长超过 3m 时，散流电阻就降低得很少，因此，超过 3m 是不适用的。（4）角钢接地体一般采用 50mm×6mm 或 40mm×5mm 的角钢，垂直打入地中，它也是具有钢管的效果。（5）扁钢接地体，其截面不小于 100mm²，厚度不小于 4mm，一般应用 25mm×4mm 或 40mm×4mm 的扁钢，埋深应不少于 0.5m。

18. 根据土壤电阻率的不同，接地体的形式有哪几种？

根据土壤电阻率不同，接地体的形式也是多种多样的，一般有以下几种：（1）放射形接地体：采用一至数条接地带敷设在接地槽中，一般应用在土壤电阻率较小的地区。（2）环状接地体：用扁钢围绕杆塔构成的环状接地体。（3）混合接地体：由扁钢和钢管组成的接地体。

19. 接地体按埋设方式可分为哪几类？

接地体按其埋入地中的方式有水平接地体和垂直接地体。（1）水平接地体：该接地体水平埋入地中，其长度和根数按接地电阻的要求确定，接地体的选择优先采用圆钢，一般直径为 8 ～ 10mm。扁钢截面为 25mm×4mm ～ 40mm×4mm。热带地区应选择较大截面，干寒地区则选择较小截面。（2）垂直接地体：该接地体是垂直打入地中，长度为 1.5 ～ 3m，截面按机械强度考虑，角钢为 20mm×20mm×3mm ～ 50mm×50mm×5mm，钢管直径为 20 ～ 50mm，圆钢直径为 10 ～ 12mm。

20. 对接地引下线的材料及规格有哪些要求？

接地引下线一般采用钢材，规格如下：（1）圆钢引下线直径一般不小于 8mm。（2）扁钢截面不小于 12mm×4mm。（3）镀锌钢绞线截面不小于 25mm²。

21. 架空电力线路杆塔按使用材料不同可分为几种？

木杆、金属杆和钢筋混凝土电杆三种。

22. 横担在架空线路中的作用是什么？

固定绝缘子和固定电气设备元件。

23. 架空线路使用的裸导线按结构可分为哪几种？

（1）单股线。（2）单金属多股绞线。（3）复金属多股绞线。

24. 钢芯铝绞线按铝钢截面比的不同，分为哪几种类型？

（1）普通型钢芯铝线，代号为 LGJ，其铝钢截面比为
5.3 ～ 6.1。（2）轻型钢芯铝线，代号为 LGJQ，其铝钢截面
比约为 7.6 ～ 8.3。（3）加强型钢芯铝线，代号为 LGJJ，其
铝钢截面比约为 4 ～ 4.5。

**25. 配电线路常用裸导线有哪几种型号？其型号标记的
含义是什么？**

配电线路常采用的裸导线包括：LJ—普通铝绞线，HLJ—
铝合金绞线，GJ—钢绞线，LGJQ—轻型钢芯铝绞线，TJ—铜
绞线，LGJJ—加强型钢芯铝绞线，LGJ—钢芯铝绞线。

其型号规格标记（图1）由汉语拼音和阿拉伯数字组成，
包括导线的材质、结构特征和标称截面三部分。

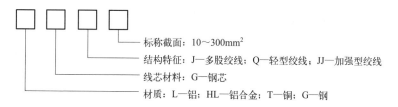

标称截面：10～300mm²
结构特征：J—多股绞线；Q—轻型绞线；JJ—加强型绞线
线芯材料：G—钢芯
材质：L—铝；HL—铝合金；T—铜；G—钢

图1 裸导线型号规格标记

例如：LGJQ—120 的导线，为 120mm² 轻型钢芯铝绞
线；LJ—70 的导线，为 70mm² 铝绞线。

26. 线路金具按作用不同，可分为哪几类？

（1）连接金具。（2）接续金具。（3）拉线金具。（4）保

护金具。

27.配电线路常用金具的型号是什么？其型号标记的含义是什么？

配电线路常用金具产品的型号标记组成如图 2 所示。

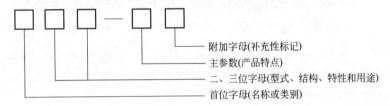

图 2　常用金具产品型号

（1）抱箍，型号及规格以其圆弧或圆的半径表示为：R=100 ～ 180mm，分为 U 形抱箍（图 3）和拉线抱箍（图 4）。

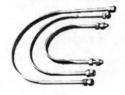 

图 3　U 形抱箍　　　　　图 4　拉线抱箍

（2）铝包带（图 5）。

（3）楔形可调（UT 形）耐张线夹（图 6），型号为 NUT-1 ～ 3 型。

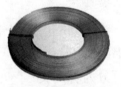 

图 5　铝包带　　　　图 6　楔形可调耐张线夹

（4）楔形耐张线夹（图 7），型号为 NX-1 ～ 3 型。

（5）螺栓形耐张线夹（图 8），型号为 NLD-1 ～ 3 型。

图 7　楔形耐张线夹　　　图 8　螺栓形耐张线夹

（6）直角挂板（图 9），型号为 Z-7。

（7）直角挂环（图 10），型号为 ZH-7。

图 9　直角挂板　　　　　图 10　直角挂环

（8）平行挂板。①型号为 P-7，如图 11（a）所示；②型号为 PS-7，如图 11（b）所示。

(a) P–7　　　　　　　　　(b) PS–7

图 11　平行挂板

（9）球头挂环（图 12），型号为 Q-7。

（10）带电装卸线夹（图 13）。

图 12　球头挂环

图 13　带电装卸线夹

（11）碗头挂板。①型号为 W-7A，如图 14（a）所示；②型号为 W-7B，如图 14（b）所示；③型号为 WS-7，如图 14（c）所示。

(a) W-7A

(b) W-7B

(c) WS-7

图 14　碗头挂板

（12）并沟线夹。①型号为 JBB-（1～3），如图 15（a）所示；②型号为 JB-（1～4），如图 15（b）所示；(3) 型号为 JBTL-（1～4），如图 15（c）所示。

(a) JBB-(1～3)

(b) JB-(1～4)

(c) JBTL-(1～4)

图 15　并沟线夹

（13）接续管（图 16），型号为 JT-（35 ～ 240）L。

（14）T 形线夹（图 17），型号为 TL- □□。

图 16　接续管

图 17　T 形线夹

（15）接线端子。①型号为 DL-（35 ～ 185），如图 18（a）所示；②型号为 DT-（35 ～ 185），如图 18（b）所示；③型号为 DTL-（35 ～ 185），如图 18（c）所示。

(a) DL-(35～185)　　　　(b) DT-(35～185)　　　　(c) DTL-(35～185)

图 18　接线端子

（16）设备线夹。型号说明：S—设备；T—铜；L—螺栓；Y—压缩；G—过渡；数字—适用导线组合号：1—（35 ～ 50）mm^2，2—（70 ～ 95）mm^2，3—（120 ～ 150）mm^2；附加字母（引流角度）：A—0°，B—30°，C—90°。型号为 SL- □□，如图 19（a）所示；ST- □□，如图 19（b）所示；STG- □□，如图 19（c）所示；SY- □□，如图 19（d）

所示。

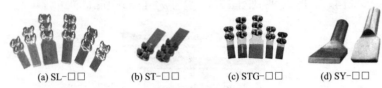

(a) SL-□□   (b) ST-□□   (c) STG-□□   (d) SY-□□

图 19　设备夹线

28. 金具在配电线路中的作用有哪些？

（1）可以使横担在电杆上得以固定。（2）可以连接绝缘子和导线。（3）可以使导线之间的连接更加可靠。（4）可以使电杆在拉线的作用下得以平衡及固定。（5）可以使线路在不同情况下得到适当的保护。

29. 绝缘子的作用是什么？常用形式有哪些？

绝缘子是用来支持或悬挂导线并使之与杆塔绝缘的。它应具有足够的绝缘强度和机械强度。同时对化学杂质的侵蚀具有足够的抗御能力，并能适应周围大气条件的变化，如温度和湿度变化对它本身的影响等。常用的有针式、悬式、棒式与瓷横担等形式。

30. 配电线路常用绝缘子的型号及其型号标记的含义是什么？

复合绝缘子产品型号标记组成如图 20 所示。

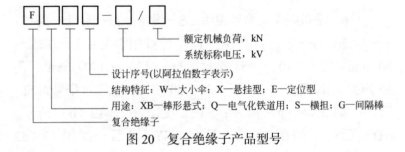

图 20　复合绝缘子产品型号

（1）悬式绝缘子。

① XP-7（或 70），X—悬式绝缘子；P—机电破坏负荷；7—7t 或 70kN，如图 21（a）所示。

② FXBW8-10/70，F—复合材料；XB—悬式棒形；W—大小伞，如图 21（b）所示。

③ LXY1-70，LX—盘形悬式玻璃绝缘子；Y—圆柱头结构型；70—破坏负荷 70kN，如图 21（c）所示。

④ XWP-7，X—悬式绝缘子；W—防污型；P—机电破坏负荷；7—7t 或 70kN，如图 21（d）所示。

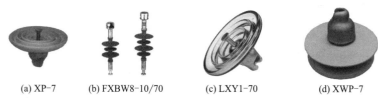

(a) XP-7   (b) FXBW8-10/70   (c) LXY1-70   (d) XWP-7

图 21　悬式绝缘子

（2）针式绝缘子。

① P-6T（瓷制），P—针式绝缘子；6—电压等级 6kV；T—铁横担，如图 22（a）所示。

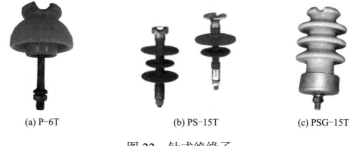

(a) P-6T   (b) PS-15T   (c) PSG-15T

图 22　针式绝缘子

② PS-15T（合成材料），S—合成材料；15—电压等级15kV，如图 22（b）所示。

③ PSG-15T（瓷制），SG—柱式，如图 22（c）所示。

31. 隔离开关的用途有哪些？

隔离开关主要用于在无载情况下切合线路。隔离开关能形成可见的空气间隔，保证检修工作的安全。隔离开关无灭弧能力，不允许带负荷拉闸和合闸。因此，拉闸时必须在断路器切断电路以后才能拉开隔离开关。合闸时，必须先合上隔离开关，然后才合断路器。为了防止误操作，隔离开关和断路器间要求装设防误操作的机械闭锁或电气闭锁装置。

32. 高压熔断器的用途是什么？有哪些类型？

高压熔断器用于高压输配电线路、电力变压器、电压互感器、电力电容器等电气设备的过载及短路保护。熔断器具有结构简单、价格便宜、维护方便、体积小巧等优点，在电力网中广泛用它来保护变压器和线路等。高压熔断器按使用场所可分为户内式和户外式；按其熔体动作特性分为固定式和跌开（落）式；按其工作特性可分为有限流作用的和无限流作用的。

33. 导线截面选择的依据是什么？

（1）按经济电流密度选择。（2）按允许电压损失选择。（3）按发热条件选择。（4）按机械强度选择。

34. 架空电力线路的导线应具备哪些基本条件？

（1）合理选用导线截面。（2）导电率高。（3）机械强度要够。（4）抗化学腐蚀性强。

35. 6～10kV 配电线路常用电气设备有哪些？型号是什么？

（1）户外真空断路器，型号为①ZW11-12，如图 23（a）

所示；②ZW32-12，如图23（b）所示。

(a) ZW11-12   (b) ZW32-12

图23 户外真空断路器

（2）多油断路器，型号为DW10-10/200（图24）。

图24 多油断路器

（3）隔离开关，型号为①GW1-10/200～600，如图25（a）所示；②XGW9-12/200～400，如图25（b）所示。

(a) GW1-10/200～600   (b) XGW9-12/200～400

图25 隔离开关

（4）高压跌落式熔断器如图26所示，型号说明见图27。

图 26　高压跌落式熔断器

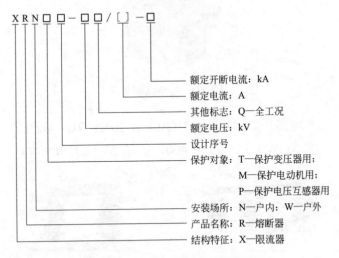

图 27　高压跌落式熔断器型号

（5）避雷器、脱离器如图 28 至图 30 所示，型号说明
见图 31。

图 28　避雷器

图 29　脱离器

图 30　组装的避雷器和脱离器

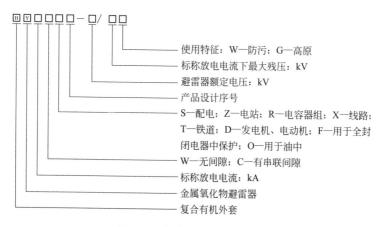

使用特征：W—防污；G—高原
标称放电电流下最大残压：kV
避雷器额定电压：kV
产品设计序号
S—配电；Z—电站；R—电容器组；X—线路；
T—铁道；D—发电机、电动机；F—用于全封
闭电器中保护；O—用于油中
W—无间隙；C—有串联间隙
标称放电电流：kA
金属氧化物避雷器
复合有机外套

图 31　避雷器、脱离器型号

36. 配电线路常用工具、用具有哪些，各自的作用是什么？

（1）滑轮。作用：放线、紧线和起高重物，如图 32 所示。

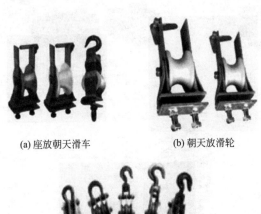

(a) 座放朝天滑车　　　(b) 朝天放滑轮

(c) 起重滑轮

图 32　滑轮

（2）紧线器。作用：用于紧导线、拉线和正杆，如图 33 所示。

图 33　紧线器

（3）链条式手拉葫芦。作用：用于紧导线、拉线、正杆和起重，如图 34 所示。

图 34　链条式手拉葫芦

（4）线夹（卡线器）。作用：卡住导线或钢绞线，与紧线器等配合使用，如图 35 所示。

图 35　线夹（卡线器）

（5）压接钳。作用：压接导线用，如图 36 所示。

图 36　压接钳

(6) 断线钳（图 37）。

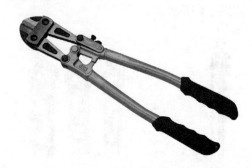

图 37　断线钳

37. 配电线路三相导线的排列方式有哪些？

（1）高压配电线路的导线一般采用三角排列和水平排列。（2）多回路的导线宜采用三角、水平混合排列或垂直排列。（3）低压配电线路的导线一般采用水平排列。

38. 怎样确定配电线路三相导线的排列方式？

导线在单回路杆塔上的排列方式有水平排列、三角排列等。选择导线的排列方式时，主要看其对线路运行的可靠性，对维护检修是否方便，能否减轻杆塔结构。运行经验表明，三角形排列的可靠性较水平排列差，特别是在重冰区、多雷区和电晕严重地区。这是因为下层导线在因故向上跃起时，易发生相间闪络和上下层导线碰线故障，采用水平排列时，杆塔高度较低，可减少雷击的机会。因此，一般说来，对于重冰区、多雷区的单回线路，导线应采用水平排列。对于其余地区，可结合线路的具体情况采用水平或三角形排列。

39. 怎样根据导线截面选配连接金具？

铝导线与金具的选配，应按表 1 执行。

表1 导线截面选配连接金具表

导线型号	并沟线夹	耐张线夹	接线端子	铜铝过渡设备线夹
LJ-35	JB-1	NLD-1	DL-35	SLG-1^A_B
LJ-50	JB-1	NLD-1	DL-50	SLG-1^A_B
LJ-70	JB-2	NLD-2	DL-70	SLG-2^A_B
LJ-95	JB-2	NLD-2	DL-95	SLG-2^A_B
LJ-120	JB-3	NLD-3	DL-120	SLG-3^A_B
LJ-150	JB-3	NLD-3	DL-150	SLG-3^A_B
LJ-185	JB-3	NLD-3	DL-185	SLG-3^A_B

40. 转角杆上的横担、抱箍安装尺寸是多少？

顶铁抱箍距离杆头 150mm；上拉线抱箍距离杆头 500mm；上承力横担距离杆头 700mm；两承力横担相距 450mm；下层拉线抱箍安装在下承力横担上侧 200mm。

41. 跨越杆上的横担、抱箍安装尺寸是多少？

顶铁抱箍距杆头 150mm；横担距杆头 700mm；拉线抱箍安装在横担下侧 200mm。

42. 怎样根据钢绞线截面选配拉线金具及拉线盘？

根据表2按钢绞线截面选配拉线金具及拉线盘。

表2 按钢绞线截面选配拉线金具及拉线盘表

拉线规格	GJ-25 或 GJ-35	GJ-50	GJ-70
楔形耐张线夹	NX-1	NX-2	NX-2
UT 形耐张线夹	NUT-1	NUT-2	NUT-2
拉线棒（mm×mm）	$\phi18×2420$（$\phi16×2000$）	$\phi18×2420$	$\phi18×2420$

续表

拉线盘	LP6	LP8	LP8
拉线盘埋深 H（m）	1.5（或 1.2）	1.5	1.7
适用导线型号	LJ-70 及以下	LJ-95 ～ 120	LJ-150 ～ 185

43. 拉线的安装方式和要求是什么？

（1）拉线应根据电杆的受力情况装设，终端杆拉线与线路方向对正，转角杆拉线应与线路分角线对正，防风拉线应与线路垂直，当线路转角在 45°及以下时，可只设置分角拉线，超过 45°时则在线路中心线延长线上设置拉线，拉线与电杆的夹角一般为 45°，但受地形限制时，也允许不大于 30°角装设，拉线坑的深度可按受力大小决定一般为 1.2 ～ 1.5m 深。①防风拉线抱箍安装在直线横担下侧 200mm 处。② T 形接杆和终端杆转角杆拉线抱箍安装在承力横担上侧 200mm 处。

（2）安装拉线要求：①拉线盘埋深应符合设计要求，拉线棒与拉线盘应和拉线角度一致，拉线棒露出地面部分的长度应为 500mm。②拉线坑应有斜坡，回填时应将土块打碎，分层夯实，回填 500mm 夯实一次。③线夹舌板与拉线接触紧密，受力后无滑动现象，安装时不应损伤线股。④钢绞线弯曲部分不应有松股，拉线断头处与拉线应用绑扎线固定可靠，线夹处露出的尾线长度上把为 300mm，下把为 500 ～ 600mm。⑤ UT 形线夹螺杆，螺纹应有 2/3 可供拉线调整，UT 形线夹双螺母应紧固可靠。

44. 配电线路安装拉线时有哪些规定？

（1）位于郊区的线路一般每隔 10 基杆打一组防风拉线。

（2）对于 30°～60°转角杆在受力外侧打两把拉线。（3）60°～90°转角杆和终端杆只打顺线路拉线。（4）拉线打好后应呈直线状，不应有松弛现象。

45. 水平拉线的装设条件是什么？

电力线路沿道路架设分支或转角杆，在线路转向的方向，因受道路或其他障碍物的限制不能做一般拉线时，可装设水平拉线。

46. 施工紧线的要求是什么？

（1）此项工作必须在白天进行。（2）导线弧垂误差不应超过设计值的 ±50mm。（3）水平和三角排列导线弧垂各项误差不应大于 50mm。

47. 哪种类型的档距适合于观测弧垂？

（1）选取连续档距中的档距最大或较大者。（2）选取高差较小的平坦地带。（3）当连续档在 6 档以下时，至少选一靠近中间的大档距观测。（4）连续档在 7～15 档时至少各选一靠近两端的大档距观测。（5）连续 15 档以上时，应在耐张端两端及中间至少各选一大档距进行观测。

48. 安装 10kV 及以下的配电线路时，对弧垂有什么要求？

（1）弧垂的设计误差不应超过设计值的 ±5％。（2）同档内各导线弧垂宜一致。（3）水平排列的各导线的弧垂相差不应大于 50mm。

49. 跌落式熔断器通常作为何种装置的过电流保护？

（1）配电变压器。（2）高压配电线路的支线。（3）当配电线路过长，变电所继电保护不能保护的范围内的末端线路。

50. 配电变压器如何根据变压器的容量选择跌落式熔断器的熔丝？

对于一般变压器熔丝的选择，可参考表 3，表 3 已经考虑了空载变压器投入运行时的冲击电流。

表 3　跌落式熔断器选配表

变压器的额定电流（A）	熔断丝的额定电流（A）	被保护的变压器在下列电压的额定容量（kV·A）	
		6kV	10kV
	3	10	20
2	5	20	30
3	7.5	30	50
4	10	40	63
5	10	50	80
6	15	63	100
8	15	80	125
10	20	100	160
12	30	125	200
15	30	160	250
19	40	200	315
24	50	225	400
30	50	315	500
38	75	400	630
48	75	500	800

51. GW1 型隔离开关（带操作机构）调试的标准是什么？

隔离开关的操作机构、传动机械应调整好，使分、合闸操作能正常进行，没有抗劲现象。还要满足三相同期的要求，即分、合闸时三相动触头同时动作，不同期的偏差应小于 3mm。此外，处于合闸位置时，动触头要有足够的切入深度，以保证接触面积符合要求，但又不允许合过头，要求动触头距静触头底座有 3～5mm 的空隙，否则合闸过猛时将敲碎静触头的支持瓷瓶。处于拉开位置时，动、静触头间要有足够的拉开距离，以便有效地隔离带电部分。这个距离应不小于 160mm，或者动触头与静触头之间拉开的角度不应小于 65°。

52. 室外变压器的安装要求是什么？

室外变压器的安装有地上安装、台上安装、柱上安装等三种安装方式，变压器容量不超过 315kV·A 者可柱上安装，315kV·A 以上者应地上安装或台上安装。室外变压器的安装应注意以下问题：（1）油浸电力变压器的安装应略有倾斜，从没有储油柜的一方向有储油柜的一方应有 1%～5% 的上升坡度，以便油箱内意外产生的气体能比较顺利地进入气体继电器。（2）变压器各部件及本体的固定必须牢固。（3）电气连接必须良好，铝导体与变压器的连接应采用铜铝过渡接头。（4）变压器的接地一般是其低压绕组中性点、外壳及其避雷器三者共用的接地，变压器的工作零线应与接地线分开，工作零线不得埋入地下，接地必须良好，接地线上应有可断开的连接点。（5）变压器防爆管喷口前方不得有可燃物体。（6）室外变压器的一次引线和二次引线均应采用绝缘导线。（7）柱上变压器应安装平稳、牢固，腰栏应用直径 4mm 的镀锌铁丝缠绕四圈以上，且铁丝不得有接头，缠绕必须紧密。（8）柱上变压器底部距地面高度不应小于 2.5m，裸导体距地面高度不应小于 3.5m。（9）变压器台高度一般不应低于 0.5m，其围栏高度不应低于 1.7m，变压器壳体距围栏不应小于 1m，变压器操作面距围栏不应小于 2m。（10）变压器围栏上应有"止步，高压危险！"的明显标志。

53. 横担及金具检修项目是什么？

（1）铁横担无歪斜、变形。（2）金具有无锈蚀、变形，螺栓是否紧固，有无缺帽，瓷件有无闪络、断裂、脱落。

54. 绝缘子检修项目是什么？

（1）瓷件有无脏污、损伤、裂纹和闪络痕迹。（2）铁脚、铁帽有无锈蚀、松动、弯曲。

55. 导线检修项目是什么？

（1）有无断股、损伤、烧伤痕迹，在化工、沿海等地区的导线有无腐蚀现象。（2）三相弛度是否平衡，有无过紧、过松现象。（3）接头是否良好，有无过热现象，连接线夹弹簧垫是否齐全，螺帽是否紧固。（4）过引线有无损伤、断股、歪扭与杆塔、构件及其他引线间是否符合规定。（5）导线上有无抛扔物。（6）固定引线用绝缘子上的绑线有无松弛或开断现象。

56. 拉线检修项目是什么？

（1）拉线有无锈蚀、松弛、断股和张力分配不均等现象。（2）水平拉线对地距离是否符合要求。（3）拉线是否妨碍交通或被车辆碰撞。（4）拉线棒、抱箍等金具有无变形、锈蚀。（5）拉线固定是否牢固，基础周围土壤有无突起、沉陷、缺土现象。

57. 柱上真空断路器检修项目是什么？

（1）外壳有无锈蚀现象。（2）套管有无破损、裂纹、严重脏污。（3）开关固定是否牢固，引线、接点和接地是否良好，线间和对地距离是否足够。（4）分、合闸拉环，以及储能拉环操作时是否正常且灵活。（5）开关分、合、储能指示是否正确、清晰。

58. 电容器检修项目是什么？

（1）瓷件有无闪络、裂纹、破损和严重脏污。（2）有无渗、漏油。（3）外壳有无鼓肚、锈蚀。（4）接地是否良好。（5）放电回路及各引线接点是否良好。（6）并联电容器的单台熔丝是否熔断。

59. 隔离开关和熔断器检修项目是什么？

（1）瓷件有无裂纹、闪络、破损及脏污。（2）熔断丝管有无弯曲、变形。（3）触头是否良好，有无过热、烧损、熔化现象。（4）各部件的组装是否良好，有无松动、脱落。（5）引线接点连接是否良好，与各部件距离是否合适。（6）操作机构是否灵活，有无锈蚀现象。

60. 接地装置检修项目是什么？

（1）接地引下线与接地装置应可靠连接，接地引下线一般不与拉线、拉线抱箍接触。（2）接地引下线有无断股、损伤、丢失现象，接地极、接地线夹有无丢失。

61. 防雷设施检修项目是什么？

（1）瓷件有无裂纹、损伤、闪络痕迹，表面是否脏污。（2）避雷器的固定是否牢固。（3）引线连接是否良好，与邻相和杆塔构件的距离是否符合规定。（4）各部附件是否锈蚀，接地端焊接处有无开裂、脱落。

62. 检修时，线路沿线情况应注意哪些？

（1）沿线有无易燃、易爆物品和腐蚀性液、气体。（2）导线对地、对道路、公路、管道、索道、河流、建筑物等距离是否符合规定，有无可能触及导线的铁烟筒、天线等。（3）有无威胁线路安全的工程设施。

63. 电力安全工作规程对线路巡视有哪些规定？

巡线工作应由有电力线路工作经验的人担任。单独巡线人员应考试合格并经工区主管生产领导批准。电缆隧道偏僻山区和夜间巡线必须由两人进行。暑天、大雪天等恶劣天气必要时由两人进行。单人巡线时，禁止攀登电杆和铁塔。雷雨大风天气或事故巡线，巡线人员应穿绝缘鞋或绝缘靴。暑天山区巡线应配备必要的防护工具和药品，夜间巡线应携带足够的照明工具。夜间巡线应沿线路外侧进行，大风巡线应沿线路上风侧前进，以免万一触及断落的导线。特殊巡视应注意选择路线，防止洪水、塌方、恶劣天气对人的伤害。事故巡线应始终认为线路带电，即使明知该线路已停电，亦应认为线路随时有恢复送电的可能。巡线人员发现导线断落地面或悬吊空中，应设法防止行人靠近断线地点 8m 以内，以免跨步电压伤人，并迅速报告电力调度，等候处理。

64. 线路巡视方式有几种？

一般线路巡视可分为定期巡视、特殊巡视、夜间巡视、监察性巡视和事故巡视。

65. 线路设备缺陷分哪几类？

（1）一般缺陷。（2）重大缺陷。（3）紧急缺陷。

66. 杆塔巡视内容是什么？

（1）杆塔是否倾斜，铁塔构件有无弯曲、变形、锈蚀，螺栓有无松动，混凝土杆有无裂纹、酥松、钢筋外露，焊接处有无开裂、锈蚀。（2）基础有无损坏、下沉或上拔，周围土壤有无挖掘或沉陷，寒冷地区电杆有无冻鼓现象。（3）杆塔位置是否合适，有无被车撞的可能，保护设施是否完好，标志是否清晰。（4）杆塔有无被水淹、水冲的可能，防洪设施有无损坏、崩塌。（5）杆塔标志（杆号、线路名称等）是否齐全明显。（6）杆塔周围有无杂草和蔓藤类植物附生，有无危及安全的鸟巢、风筝及杂物。

67. 导线的巡视内容是什么？

（1）有无断股、损伤、烧伤痕迹，导线有无腐蚀现象。（2）三相弛度是否平衡，有无过紧、过松现象。（3）接头接触是否良好，有无过热现象，连接线夹弹簧垫是否齐全，螺帽是否紧固。（4）过（跳）引线有无损伤、断股、歪扭，与杆塔、构件其他引线间的距离是否符合规定。（5）导线上有无抛扔物。（6）固定用导线的绝缘子上绑线有无松弛或开断现象。

68. 防雷设施的巡视内容是什么？

（1）避雷器瓷套有无裂纹、损伤、闪络痕迹，表面是否脏污。（2）避雷器的固定是否牢固。（3）引线连接是否良好，与邻相和杆塔构件的距离是否符合规定。（4）各部附件是否锈蚀，接地端焊接处有无开裂、脱落。

69. 拉线的巡视内容是什么？

（1）拉线有无锈蚀、松弛、断股和张力分配不均等现象。（2）水平拉线对地距离是否符合要求。（3）拉线是否妨碍交通或被车碰撞。（4）拉线棒（下把）、抱箍等金具有无变形锈蚀。（5）拉线固定是否牢固，拉线基础周围土壤有无突起、沉陷、缺土等现象。（6）顶（撑）杆、拉线柱、保护桩等有无损坏、开裂、腐朽现象。

70. 变压器的巡视内容是什么？

（1）套管是否清洁、有无裂纹、损伤、放电痕迹、过热、烧损现象。（2）油温、油色、油面是否正常，有无异声、异味、渗油现象。（3）外壳有无脱漆、锈蚀，焊口有无裂纹，接地是否良好。（4）变压器台架高度是否符合规定，有无锈蚀、倾斜、下沉。

71. 柱上真空断路器的巡视内容是什么？

（1）外壳有无锈蚀现象。（2）套管有无破损、裂纹、严重脏污和闪络放电痕迹。（3）引线、接点和接地是否良好，线间对地距离是否足够。（4）分、合指示是否正确、清晰。（5）开关标牌是否正确、清晰和齐全。

72. 隔离开关和熔断器的巡视内容是什么？

（1）瓷件有无闪络、裂纹、破损及脏污。（2）熔断管有无弯曲变形。（3）触头间接触是否良好，有无过热、烧损、熔化现象。（4）各部件组成是否良好，有无松动、脱落、丢失。（5）引线接点连接是否良好，与各部件距离是否合适。（6）操作机构是否灵活，有无锈蚀、弯曲、丢失现象。

73. 电容器的巡视内容是什么？

（1）瓷件有无闪络、裂纹、破损和严重脏污。（2）有无鼓肚、锈蚀、渗油、漏油。（3）接地是否良好。（4）放电回路及各引线接点是否良好，熔断丝是否熔断。

74. 接地装置的巡视内容是什么？

（1）接地引下线有无丢失、断股、损伤现象。（2）接头接触是否良好，线夹螺栓有无松动、锈蚀。（3）接地引下线的保护管有无破损、丢失，固定是否牢靠。（4）接地体有无外露、严重腐蚀，在埋设范围内有无土方工程。

75. 电力电缆线路的巡视有哪些内容？

（1）对直埋电缆线路：①沿线路地面上有无堆放的瓦砾、矿渣、建筑材料、笨重物体及其他临时建筑等，附近地面有无挖掘。②线路附近有无酸、碱等腐蚀性排泄物及堆放石灰等。③对于室外露出地面电缆的保护钢管，有无锈蚀移位现象，固定是否可靠牢固。④引入室内的电缆穿管处是否封堵严密。

（2）对敷设在沟道内的电缆线路：①沟道的盖板是否完好无缺。②沟内有无积水、渗水现象，是否堆有易燃易爆物品。③电缆铠装是否锈蚀。④全塑电缆有无被鼠咬伤的痕迹。

（3）对电缆终端头和中间接头：①终端头的绝缘套管有无破损及放电现象，对填充有电缆胶（油）的终端头，还应检查有无漏油溢胶现象。②引线与接线端子的接触是否良好，有无发热现象。③接地线是否良好，有无松动、断股。④电缆中间接头有无变形，温度是否正常。

（4）其他：①对明敷的电缆，应检查沿线挂钩或支架是否牢固，电缆外表有无锈蚀、损伤，线路附近有没有堆放易燃易爆及强腐蚀性物体。②洪水期间或暴雨过后，应注意线路附近有无严重冲刷、塌陷现象，室外电缆沟道的排水是否畅通，室内电缆沟道是否进水等。

76. 线路沿线情况的巡视内容是什么？

（1）沿线有无易燃、易爆物品和腐蚀性液、气体。（2）导线对地、道路、公路、铁路、管道、建筑物等距离是否符合规定，有无可能触及导线的铁烟囱、天线等。（3）周围有无被风刮起危及线路安全的金属薄膜、杂物等。（4）有无威胁线路安全的工程设施。（5）查明防护区内的植树情况及导线与树间距离是否符合规定。（6）线路附近有无射击、放风筝、抛扔杂物、飘洒金属和在杆塔、拉线上拴牲畜等。（7）查明沿线污秽情况。（8）沿线有无违反《电力设施保护条例》的建筑。

77. 在三相四线制系统中，中性线断开将会产生什么后果？

在三相四线制供电系统中，中性线是不允许断开的，中性线一旦断开，这时线电压虽然仍对称，但各相不平衡负载多承受的对称相电压则不再对称。可以证明，有的负载所承受的电压降低于其额定电压，有的负载所承受的电压将高于其额定电压，因此使负载不能正常工作，并且造成严重事故。

78. 中性点不接地系统发生单相接地时，系统的电流和电压有哪些变化？

（1）经故障相流入故障点的电流为正常运行时每相对地电容电流的 3 倍。（2）中性点对地电压升高为相电压。（3）非故障相的对地电压升高为线电压。（4）线电压与正常时的相同。

79. 架空电力线路接地故障的危害有哪些？

运行中的线路接地时间过长可造成三相电压不平衡，线路设备过热，影响设备的使用寿命，长时间的接地还可能烧坏变电所母线、电压互感器及用户设备。因此，一般规定线路接地时间不得超过 2h。

80. 电力系统在哪些情况下，容易发生内部过电压？

（1）切合空载线路时。（2）切合电容器组时。（3）系统发生谐振时。（4）弧光接地时。（5）切合空载变压器时。

（6）切合高压感应电动机时。

81. 哪些情况易产生操作过电压？

（1）切除空载线路而引起的过电压。（2）空载线路合闸时的过电压。（3）电弧接地过电压。（4）切除空载变压器的过电压。

82. 防止发生倒杆的主要措施有哪些？

（1）加强新建线路的验收工作。（2）加强巡视及时进行维修工作。（3）提前巡视，发现问题及时抢修。（4）对低洼和水田及松软土质杆根加固或打临时拉线。（5）对冻土造成的下沉杆基，开春应及时回填土夯实。

83. 预防断杆事故主要有哪些措施？

（1）特殊环境和特殊杆型，应防止车撞，挂出标示牌、打隔离桩。（2）重点巡视特殊杆型，拉线丢失导致电杆受力不均，造成倒杆或断杆。（3）正杆前，先上杆把正杆的绳套绑好，下杆后方可挖土，如有卡盘、石头，要加大杆基的挖土量，清除石头后再正杆，以防拉断电杆。

84. 在线路施工中，导线受损会产生什么后果？

（1）导线受损后，在运行中易产生电晕，形成电晕损失和弱电干扰。（2）机械强度降低易发生断线事故。（3）电气性能降低。

85. 导线振动有哪些危害？

（1）线夹端口部分导线的疲劳折断。（2）造成金具、铁塔构件损坏。（3）导致螺栓松动。（4）引起绝缘子胶装部分破碎等一系列事故的发生。

86. 引起架空线路导线弧垂变化的原因有哪些？

（1）架空线的初伸长。（2）设计、施工观察的错误。（3）耐张杆位移或变形。（4）拉线松动、横担扭转、杆塔倾斜。（5）导线质量不好。（6）线路长期过负荷。（7）自然气候的影响。

87. 架空线路导线故障一般可分为哪几类？

（1）导线的混连短路故障。（2）导线拉断故障。（3）导线的接头故障。（4）导线震动造成的断股、断线故障。

88. 填用第一种工作票的工作有哪些？

（1）在停电线路（或在双回线路中的一回停电线路）上的工作。（2）在全部或部分停电的配电变压器台架上或配电变压器室内的工作。（3）在停电线路或同杆塔架设多回线路中的部分停电线路上的工作。（4）在全部或部分停电的配电设备上的工作。（5）高压电力电缆停电的工作。

89. 填用第二种工作票的工作有哪些？

（1）带电作业。（2）带电线路杆塔上的工作。（3）在运行中的配电变压器台上或配电变压器室内的工作。（4）高压电力电缆不需停电的工作。

90. 倒闸操作时应注意哪些事项？

（1）倒闸操作应由两人进行，一人操作，一人监护并认真执行监护复诵制。发布命令和复诵命令都应严肃认真。（2）使用正规操作术语，准确清晰，按操作票顺序进行逐项操作，每操作完一项，做一个"√"记号。（3）操作机械传动的断路器（开关）或隔离开关（刀闸）时，应戴绝缘手套。没有机械传动的断路器（开关）、隔离开关（刀闸）和跌落熔断器（保险），应使用合格的绝缘杆进行操作。雨天操作应使用有防雨罩的绝缘杆。（4）凡登杆进行倒闸操作时，操作人员应佩戴安全帽，并使用安全带。

操作柱上油断路器（开关）时，应有防止断路器（开关）爆炸的措施，以免伤人。(5) 倒闸操作应使用倒闸操作票，倒闸操作票应根据值班调度员（工区值班员）的操作命令（口头电话或传真电子邮件）填写或打印倒闸操作票。操作命令应清楚明确，受令人应将指令内容向发令人复诵，核对无误，发令人发布指令的全过程（包括对方复诵命令）和听取指令的报告时，都要录音并做好记录。(6) 事故应急处理和拉合断路器的单一操作可不使用操作票。操作票应用钢笔或圆珠笔填写，用计算机打印的操作票应与手写格式票面统一，操作票应清楚整洁，不得任意涂改。操作票应填写设备双重名称，即设备名称和编号。操作人和监护人应根据模拟图核对所填写的操作项目，并分别签名。(7) 倒闸操作前，应按操作票顺序在模拟图或接线上预演核对无误后执行。操作前后都应检查核对现场设备名称编号和断路器（开关）隔离开关（刀闸）的断合位置。(8) 电气设备操作后的位置应以设备实际位置为准，无法看到实际位置时，可通过设备机械位置电气指示仪表及各种遥测信号的变化，才能确认设备已操作到位。

91. 倒闸操作前后应注意哪些问题？

(1) 倒闸操作前，应按照操作票顺序与模拟图板核对且两者相符。(2) 操作前后都应核对现场设备名称、编号和断路器、隔离开关断合的位置。(3) 操作完毕，受令人应该立即告知发令人。

92. 倒闸操作期间产生疑问时应怎么办？

(1) 不准擅自改变操作票。(2) 必须向值班调度员或工区值班员报告。(3) 弄清楚问题后，再进行操作。

93. 工作许可人通知工作负责人可以开始工作的命令，采用哪几种方式传达？

（1）电话下达。（2）当面下达。（3）派人送达。

94. 登杆前须做哪些工作？

（1）上杆前，应先检查杆根是否牢固。（2）新立电杆在杆基未完全牢固以前，严禁攀登。（3）遇有冲刷、起土、上拔的电杆，应先培土加固或支好杆架，或打临时拉绳后，再行上杆。（4）凡松动导线、地线、拉线的电杆，应先检查杆根，并打好临时拉线或支好架杆后，再行上杆。（5）上杆前，应先检查登杆工具，如脚扣、升降板、安全带、梯子等是否完整牢靠。

95. 在杆塔上工作须注意什么？

（1）在杆、塔上工作，必须使用安全带并佩戴安全帽。（2）安全带应系在电杆及牢固的构件上，应防止安全带从杆顶脱出或被锋利物伤害。（3）系安全带后必须检查扣环是否扣牢。（4）在杆塔上作业转位时，不得失去安全带保护。（5）杆塔上有人工作时，不准调整或拆除拉线。（6）使用的工具、材料应用绳索传递，不得乱扔。（7）杆下应防止行人逗留。

96. 进行电容器停电工作时应注意什么？

进行电容器停电工作时，应先断开电源，将电容器充分放电接地后，才能进行工作。

97. 在配电变压器台（架、室）上进行工作应该注意什么？

在配电变压器台（架、室）上进行工作不论线路是否停电，必须先拉开低压刀闸，不包括低压熔断器（保险），后拉开高压隔离开关（刀闸）或跌落熔断器（保险），在停电的高压引线上接地。上述操作在工作负责人监护下进行时，可不用操作票。

98. 砍伐树木应当注意什么？

（1）在线路带电情况下，砍伐靠近线路的树木时，工作负责人必须在工作开始前，向全体人员说明：电力线路有电，不得攀登杆塔，树木、绳索不得接触导线。（2）上树砍剪树木时，不应攀抓脆弱和枯死的树枝，人和绳索应与导线保持安全距离，应注意马蜂，并使用安全带，不应攀登已经锯过的或砍过的未断树木。（3）为防止树木（树枝）倒落在导线上，应设法用绳索将其拉向与导线相反的方向，绳索应有足够的长度，以免拉绳的人员被倒落的树木砸伤，树枝接触高压带电导线时，严禁用手直接去取。（4）砍剪的树木下面和倒树范围内应设置警戒带且有专人监护，不得有非工作人员进入，防止砸伤。

99. 在使用指针式万用表的欧姆挡测量直流电阻时应注意什么？

（1）选择适当倍率挡。（2）调零。（3）不能带电测量。（4）被测对象不应有并联支路，包括人体电阻，以免影响测量精确度。（5）晶体管参数测量要用低压高倍率挡。（6）不允许用万用表的欧姆挡直接去测量微安表头、检流计、标准电池等仪表仪器。（7）利用万用表欧姆挡判别仪表（不能带电）的正负接线端或整流元件的正、反方向时，应注意万用表内附干电池的负极与表面"+"接线柱相连，因此电流是从"−"接线柱流出，流经外接元件，然后再回到"+"接线柱的。（8）除测量需要外，不要让两根测试棒短接，以免浪费干电池。

100. 使用接地摇表测量接地电阻时应注意哪些事项？

（1）测量接地电阻时，必须将被测接地装置与避雷线或被保护的电气设备断开。（2）接地电阻应在一年中最干燥的季节测量，雨后不应立即测量接地电阻，测量时由于土壤的干湿情况不同，应将仪表读数乘上土壤干湿系数 ψ，该值即为接地电阻值。（3）测量接地电阻时，应把仪表放平、调零，使指针指在红线上。手摇发电机的速度应保持在 120r/min，当指针稳定不动时读数，如果摇表指针摆动不定，则需改变手摇发电机的转速，以抗衡外界干扰，使指针稳定。

101. 提高企业功率因数的方法有哪些？

（1）提高用电设备的自然功率因数。一般工业企业消耗的无功功率中，感应电动机约占 70％，变压器占 20％，线路等占 10％。所以，要合理选择电动机和变压器，使电动机平均负荷为其额定功率的 45％以上，变压负荷率为 60％以上，如能达到 75％～85％则更为合适。（2）采用电力电容器补偿。（3）采用同步电动机补偿。

102. 悬挂点高度的不同对导线振动有何影响？

悬挂点高度的增加可使振动的风速上限值提高，使振动的频率范围扩大，也使振动相对延续时间增加。因此，在档距长度相同的线路上，导线疲劳断股率将与悬挂点高度成比例地增加。

103. 对运行中的线路避雷器管理有哪些要求？

对运行中的线路避雷器，在雷雨季节到来之前应全面进行一次巡检；雷雨季过后，应对线路避雷器的运行情况进行调查、分析和总结，并填写线路避雷器运行情况统计表，运行 3～5 年后应进行抽样检测。

104. 线路五类状态检修工作的含义？

线路状态检修工作分为 A、B、C、D、E 类检修。（1）A 类检修是指对线路主要单元（如杆塔、导地线）进行大量的整体性更换、改造等。（2）B 类检修是指对线路主要单元进行少量的整体性更换及加装，线路其他单元的批量更换及加装。（3）C 类检修是综合性检修及试验。（4）D 类检修是指在地电位上进行的不停电检查、检测、维护或更换。（5）E 类检修是指等电位带电检修、维护或更换。

105. 智能电网的主要特征是什么？

智能电网是以先进的计算机、电子设备和高级元器件等为基础，通过引入新的通信、自动控制和其他信息技术，实现对整个电力网络的升级改造，最终达到电力网络运行更加可靠、经济、环保和使用安全的目标。它具有自愈、激励和保护用户，提供满足用户需求的电能质量、兼容各种发电和储能系统、活跃市场、优化资产和高效运行等主要特征。

106. 特高压输电的特点是什么？

（1）远距离、大容量输电。（2）输送容量大。（3）更加节约输电走廊。（4）节省线路投资和运行费用。（5）减轻铁路、公路运输的压力。（6）减小负荷中心地区火电机群的建设规模。（7）减轻火电带来的环境污染等。

107. 电力系统供电电压过低或过高有什么危害？

电压质量对各类用电设备的安全经济运行有着直接影响。当电压过低时，对照明负荷来说，白炽灯的发光效率和光通量都急剧下降、电灯发暗；荧光灯启动困难；对异步电动机来说，电磁转矩显著减小，定子、转子电流增大，电动机过热；电热设备输出热能降低；移相电容器输出无功功率降低以及输电线路损耗增加等。当电压过高时，白炽灯寿命将大为缩短；异步电动机、变压器铁芯损耗增加；由于磁路饱和引起电能波形变差等。

108. 为什么要升高电压进行远距离输电？

对三相交流输电线路，输送的功率可用 $P=UI$（功率 = 电压 × 电流）计算。从公式可看出，如果传输的功率不变，电压越高，则电流越小，这样就可以选用截面较小的导线，节省有色金属。在输送功率的过程中，电流通过导线会产生一定的功率损耗和电压降，如果电流减小，功率损耗和电压降会随着电流的减小而降低。所以，提高输送电压后，选择适当的导线，不仅可以提高输送功率，而且可以降低线路中的功率损耗并改善电压质量。

109. 状态检修工作的流程是什么？

状态检修工作的基本流程包括设备信息收集、设备状态评价、风险评估、检修策略、检修计划、检修实施及绩效评价等 7 个环节。

110. 线路四种状态的含义是什么？

线路状态分为正常状态、注意状态、异常状态和严重状态 4 种。（1）正常状态是指线路各状态量处于稳定且在规程规定的警示值、注意值以内，可以正常运行。（2）注意状态是指线路有部分状态量变化趋势朝接近警示值和注意值方向发展，但未超过，仍可以继续运行，应加强运行中的监视。（3）异常状态是指线路有部分重要状态量已经接近或略微超过警示值和注意值，应监视运行，并适时安排检修。（4）严重状态是指线路有部分重要状态量已经严重超过警示值和注意值，需要尽快安排停电检修。

111. 鸟类活动会造成哪些线路故障？如何防止鸟害？

鸟类活动会给电力架空线路造成的故障情况如下：鸟类在横担上做窝。当这些鸟类嘴里叼着树枝、柴草、铁丝等杂物在线路上空往返飞行，当树枝等杂物落到导线间或搭在导线与横担之间，就会造成接地或短路事故。体型较大的鸟在线间飞行或鸟类打架也会造成短路事故。杆塔上的鸟巢与导线间的距离过近，在阴雨天气或其他原因，便会引起线路接地事故；在大风暴雨的天气里，鸟巢被风吹散触及导线，因而造成跳闸停电事故。

防止鸟害的办法：（1）增加巡线次数，随时拆除鸟巢。（2）安装惊鸟装置，使鸟类不敢接近架空线路。常用的具体方法有：①在杆塔上部挂镜子或玻璃片；②装风车或翻板；③在杆塔上挂带有颜色或能发出声响的物品；④在杆塔上部吊死鸟；⑤在鸟类集中处还可以用猎枪或爆竹来惊鸟。这些办法虽然行之有效，但时间较长后，鸟类习以为常也会失去作用，所以最好是各种办法轮换使用。

112. 对插接钢丝绳套有什么规定？

（1）破头长度为 45～48 倍钢丝绳直径。（2）绳套长度为 13～24 倍钢丝绳直径。（3）插接长度为 20～24 倍钢丝绳直径。（4）各股穿插次数不得少于 4 次，在使用前必须经过 125% 的超负荷试验。

113. 配电线路故障处理的工作流程是什么？

（1）工作任务：

电力调度下达抢修任务。

（2）工作准备：

① 与调度联系，了解故障线路名称、故障类型、故障状态并明确线路的运行方式。

② 根据本线路故障情况和运行方式制定巡视方案，明确线路分段巡视和开关拉合顺序。

③ 巡视工作前必须进行必要的安全提示，明确交代工作任务（故障线路名称、故障类型、故障状态、线路运行方式），交代安全注意事项；检查参加工作人员的健康、精神状态。

④ 根据实际需要准备必要的工器具和设备材料，如安全帽、绝缘杆（雨天戴防雨罩）、绝缘手套、绝缘靴、验电器、接地线、照明用具、望远镜、绝缘摇表（2500V）、绝缘子、6～10kV 避雷器、裸铝线、跌落式熔断器、线夹等。

⑤ 6～10kV 配电线路图籍、事故应急抢修单、倒闸操作票。

(3) 故障巡查：

① 按已制定的方案进行巡视。

② 接地故障执行接地故障巡线方法。

如果是金属性接地故障，按照故障巡线和线路分段拉闸方案，结合小电流接地故障定位装置的指示信息，分段进行查找，确定故障区域后，根据调度命令，工作负责人下令分断线路故障段。

如果是非金属性故障：

a. 线路接地运行 2h 内（即调度未下令拉开变电所线路开关停电前）：按照故障性质和线路分段拉闸，巡视方案、工作人员得到工作负责人许可，拉开第一个分段开关（或刀闸）及相关易发生故障的分支线路，通过判断故障是否消失，如已消失，则故障点在隔离的负荷侧，如未消失则在隔离点的电源侧。以此类推，逐步缩小故障范围，直至隔离故障线路。

b. 运行 2h 以上（或调度已下令拉开变电所线路开关停电）。

c. 按照故障巡线和线路分段拉闸方案，作业人员得到工作负责人许可，拉开第一个分段开关（或跌落式熔断器）及相关分支线路。

d. 工作负责人向调度汇报，要求试送主线，判断故障段是否已隔离，隔离出故障点之后，对故障段线路进行巡视。

e. 如故障未在隔离段，则与调度联系，拉开第二个分段点，并汇报调度，要求试送主线。

f. 按照线路分段拉闸方案，重复上述程序隔离线路，直到隔离出故障线路区段。

③ 跳闸故障执行跳闸故障巡线方法。

方法一：

a. 按照故障巡线和线路分段拉闸方案，结合线路故障指示器指示信息，对后端干线及其分支进行巡线。

b. 如发现故障点，分段巡视负责人应立即汇报工作负责人。工作负责人根据调度命令隔离故障点，并安排事故抢修。

c. 如未发现故障，则拉开第一个分段开关和干线前段的分支线路。由工作负责人向电力调度报告已对故障线路区段进行隔离，恢复前段主线供电。结合线路故障指示器指示信息，对未恢复供电的干线及分支线进行巡视。

d. 如发现故障，分段巡视负责人应立即汇报工作负责人，工作负责人根据调度命令隔离故障点，并安排事故抢修。

e. 如未发现故障点，按照线路故障分段巡视拉闸方案，拉开第二分段开关及其前侧分支，请示电力调度恢复第一个分段开关供电。重复上述程序巡视隔离线路，直到隔离出最后的故障线路区段。

f. 工作负责人安排对隔离段线路进行分组巡视，直到发现故障点。

方法二：

分组巡视人员按照巡视任务安排，结合线路故障指示仪指示信息，按照先主干线后分支线，先事故多发段后事故少发段的原则，对指定的线路区段进行巡视，直到发现故障点。

④ 巡线注意事项：

a. 巡线应由 2 人进行，并始终认为线路带电远离线路8m 以外的上风侧。

b. 巡线工作应由有电力线路工作经验的人担任。

c. 每个抢修小组应设负责人，执行监护制。

d. 暑天、大雪天等恶劣天气，巡线人员应穿绝缘鞋或绝缘靴，必要时由两人进行，单人巡线时，禁止攀登电杆和铁塔。

e. 夜间巡线应沿线路外侧进行；大风巡线应沿线路上风侧进行，以免万一触及段落导线。

f. 事故巡线应始终认为线路带电，即使明知该线路已停电，亦应认为线路随时有恢复送电的可能。

g. 巡线人员发现导线、电缆断落地面或悬吊空中，应设法防止行人靠近断线地点 8m 以内，以免跨步电压伤人，并迅速报告调度和上级，等候处理。

（4）保证安全技术措施：

① 发现故障，核对故障线路（设备）双重编号及名称，及时汇报调度。

② 根据电调令，隔离故障点。

③ 在抢修故障点两侧使用合格的相应电压的验电器对故障线路及设备进行验电。

④ 按电调令装设接地线。

（5）故障处理：

① 故障处理应根据现场情况使用相应的安全护具和材料。

② 故障处理时应根据故障情况使用合理的处理方法。

（6）工作总结：

① 故障处理完应向电调汇报，叙述故障处理经过，并告知工作班成员人数及地线全部收齐。

② 请示电调令对故障线路恢复送电，并将送电时间记录在《事故应急抢修单》上。

（7）封票：

① 工作结束后，到调度室汇报事故处理情况。

② 对《事故应急抢修单》进行封存。

（8）抢修总结：

① 第二天早会总结抢修抢险处理问题。

② 总结本次抢修抢险好的做法和不足。

③ 资料封存存档。

114. 直线杆各部安装尺寸是多少？料表及故障重点巡视内容有哪些？

直线杆各部安装尺寸如图 38 所示。

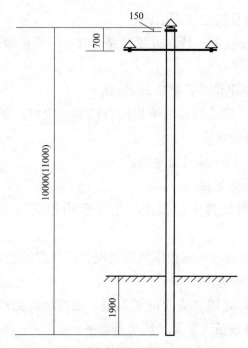

图 38　直线杆安装尺寸图（单位 mm）

直线杆安装备料单见表 4。

表 4　直线杆安装备料单

序号	名　称	规　格	单位	数量
1	混凝土电杆	$\phi190mm\times L$	根	1
2	高压直线横担	∟63mm×6mm×1500mm	根	1
3	U 形抱箍	$R=100mm$	副	1
4	M 形抱铁	$L=220mm$	副	1
5	杆顶支座抱箍	$\phi190mm$	副	1
6	柱式绝缘子	PSG-15T	个	3

续表

序号	名 称	规 格	单位	数量
7	弹簧垫圈	$\phi16mm$	个	7
8	平垫圈	$\phi17mm$	个	7
9	螺母	M16mm	个	7

直线杆故障重点巡视内容如图 39 所示。

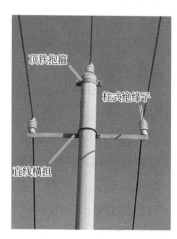

图 39　直线杆故障重点巡视内容

电杆部分：

（1）检查杆根有无腐蚀松动。

（2）杆身无纵向裂纹，横向裂纹不超过 0.5mm。

（3）检查杆基是否倾斜。

横担部分：

（1）检查横担是否倾斜、松动，螺栓平垫、弹簧垫是否齐全。

（2）检查铁横担是否锈蚀。

（3）检查塑钢横担有无损伤。

（4）检查横担U形抱箍、M形抱铁有无损伤。

（5）直线横担应安装在线路的负荷侧。

柱式绝缘子部分：

（1）擦拭柱式绝缘子。

（2）检查柱式绝缘子是否松动，螺栓平垫、弹簧垫、销钉、小绑线是否齐全。

（3）检查瓷件部位有无裂纹、放电痕迹。

（4）检查绑线是否松动、断股。

顶铁抱箍部分：

（1）检查顶铁抱箍是否倾斜、松动，螺栓平垫、弹簧垫是否齐全。

（2）检查顶铁抱箍安装距离是否合适（距杆顶150mm）。

（3）检查顶铁抱箍有无锈蚀、损伤。

导线部分：

（1）检查导线上有无抛扔物，绑线有无松弛或开断现象。

（2）检查导线接头是否良好，有无过热现象。

（3）导线接头距导线固定点不小于0.5m，一挡内导线接头不超过1个。

（4）检查导线弛度三相是否平衡，有无过紧、过松现象。

（5）线间距离和对地、建筑物等交叉跨越距离是否符合规定。

115. 耐张杆各部安装尺寸是多少？料表及故障重点巡视内容是什么？

耐张杆各部安装尺寸如图40所示。

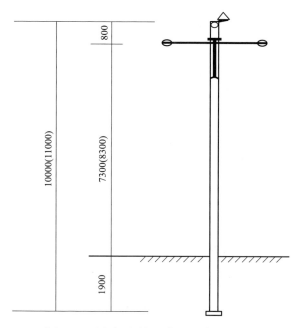

图 40　耐张杆安装尺寸图（单位 mm）

耐张杆安装备料单见表 5。

表 5　耐张杆安装备料单

序号	名　称	规　格	单位	数量
1	混凝土电杆	ϕ190mm×L	根	1
2	高压承力横担	∟63mm×6mm×1500mm	副	2
3	拉线抱箍	ϕ190mm	副	2
4	平行挂板	P-7	个	2
5	楔形线夹	NUT-2	副	2
6	钢绞线	GJ-50mm^2	m	40
7	UT 形线夹	UT-2	副	2
8	拉线棒	ϕ16mm	根	2

续表

序号	名　称	规　格	单位	数量
9	拉线盘	LP-2	块	2
10	直角挂板	Z-7	个	6
11	球头挂环	Q-7	个	6
12	悬式绝缘子	XP-4.5	个	6
13	碗头挂板	W7-B	个	6
14	耐张线夹	NLD-2	个	6
15	并沟线夹	JB-2	个	3
16	柱式绝缘子	PSG-15T	个	3
17	杆顶支座抱箍	ϕ190mm	副	1
18	中导线抱箍	ϕ190mm	副	1
19	底盘	DP	块	1

耐张杆故障重点巡视内容如图 41 所示。

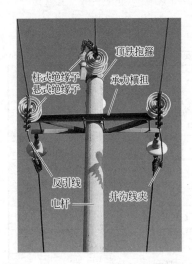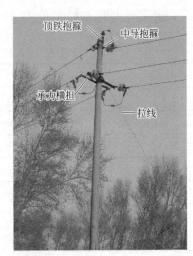

图 41　耐张杆故障重点巡视内容

电杆部分：

（1）检查杆根有无腐蚀松动。

（2）杆身无纵向裂纹，横向裂纹不超过 0.5mm。

（3）检查杆基是否倾斜。

（4）耐张段长度一般不超过 2km。

支撑杆部分：

（1）检查支撑杆有无破损。

（2）检查支撑位置是否偏移。

（3）检查支撑抱箍是否松动，螺栓平垫、弹簧垫是否齐全。

悬式绝缘子部分：

（1）擦拭悬式绝缘子，检查有无裂纹放电痕迹。

（2）检查平行挂板、球头挂环、碗头挂板、耐张线夹、M 销钉是否齐全，平垫、弹簧垫是否齐全。

（3）检查耐张线夹有无锈蚀、裂纹。

（4）检查导线是否松股、断股、破损、腐蚀，是否缠绕铝包带。

（5）检查导线弛度。检查导线连接部位（并沟线夹）有无虚接放电痕迹，螺栓有无松动，平垫、弹簧垫是否齐全。

柱式绝缘子部分：

（1）擦拭柱式绝缘子。

（2）检查柱式绝缘子是否松动，螺栓平垫、弹簧垫、销钉、小绑线是否齐全。

（3）检查瓷件部位有无裂纹、放电痕迹。

（4）检查绑线是否松动、断股。

中导抱箍部分：（中导线抱箍、拉线抱箍）

（1）检查中导抱箍是否倾斜、松动，螺栓平垫、弹簧垫是否齐全。

（2）检查中导抱箍安装距离是否合适。

（3）检查中导抱箍有无锈蚀、损伤。

116. 转角杆各部安装尺寸是多少？料表及故障重点巡视内容是什么？

转角杆安装尺寸如图 42 所示。

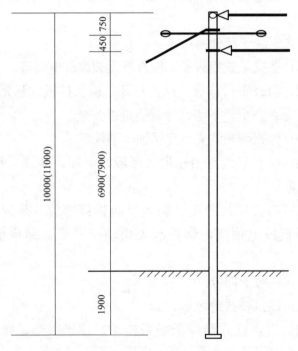

图 42　转角杆安装尺寸图（单位 mm）

转角杆安装备料单见表 6。

表6　转角杆安装备料单

序号	名　称	规　格	单位	数量
1	混凝土电杆	$\phi190mm \times L$	根	1
2	高压承力横担	∟63mm×6mm×1500mm	副	4
3	拉线抱箍	$\phi190mm$	副	2
4	平行挂板	P-7	个	2
5	楔形线夹	NUT-2	副	2
6	钢绞线	GJ-50mm^2	m	40
7	UT形线夹	UT-2	副	2
8	拉线棒	$\phi16mm$	根	2
9	拉线盘	LP-2	块	2
10	直角挂板	Z-7	个	6
11	球头挂环	Q-7	个	6
12	悬式绝缘子	XP-4.5	个	6
13	碗头挂板	W7-B	个	6
14	耐张线夹	NLD-2	个	6
15	并沟线夹	JB-2	个	3
16	柱式绝缘子	PSG-15T	个	3
17	杆顶支座抱箍	$\phi190mm$	副	1
18	中导线抱箍	$\phi190mm$	副	1
19	铝包带	1×10	m	10

转角杆故障重点巡视内容如图43所示。

图 43　转角杆故障重点巡视内容

电杆部分：

（1）检查杆根有无腐蚀松动。

（2）杆身无纵向裂纹，横向裂纹不超过 0.5mm。

（3）检查杆基是否倾斜。

拉线部分：

（1）检查拉线松紧度是否合适。

（2）检查拉线棒是否腐蚀，腐蚀程度。

（3）检查 UT 线夹、拉线抱箍、楔形线夹、螺栓有无松动，平垫、弹簧垫是否齐全。

支撑杆部分：

（1）检查支撑杆有无破损。

（2）检查支撑位置是否偏移。

（3）检查支撑抱箍是否松动，螺栓平垫、弹簧垫是否齐全。

承力横担部分：

（1）检查承力横担是否倾斜、松动，螺栓平垫、弹簧垫是否齐全。

（2）检查承力横担、M 形抱铁有无锈蚀、裂纹。

悬式绝缘子部分：

（1）擦拭悬式绝缘子，检查有无裂纹放电痕迹。

（2）检查平行挂板、球头挂环、碗头挂板、耐张线夹、M 销钉是否齐全，平垫、弹簧垫是否齐全。

（3）检查导线是否松股、断股、破损、腐蚀，是否缠绕铝包带。

（4）检查导线弛度。

（5）检查导线连接部位（并沟线夹）有无虚接放电痕迹，螺栓有无松动，平垫、弹簧垫是否齐全。

柱式绝缘子部分：

（1）擦拭柱式绝缘子。

（2）检查柱式绝缘子是否松动，螺栓平垫、弹簧垫、销钉、小绑线是否齐全。

（3）检查瓷件部位有无裂纹、放电痕迹。

（4）检查绑线是否松动断股。

中导抱箍部分：

（1）检查中导抱箍是否倾斜、松动，螺栓平垫、弹簧垫是否齐全。

（2）检查中导抱箍安装距离是否合适。

（3）检查耐张线夹有无锈蚀、裂纹。

117. 柱上变压器杆各部安装尺寸是多少？料表及故障重点巡视内容是什么？

柱上变压器杆各部安装尺寸如图 44 所示。

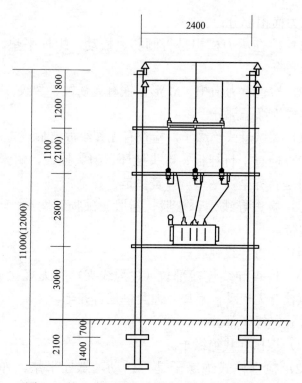

图 44 柱上变压器杆安装尺寸图（单位 mm）

柱上变压器杆装备料单见表 7。

表 7 柱上变压器杆装备料单

序号	名称	规格	单位	数量
1	混凝土电杆	$\phi190mm \times L$	根	2
2	高压直线横担	L 63mm×6mm×1500mm	套	1
3	杆顶支座抱箍	$\phi190mm$	副	1
4	柱式绝缘子	PSG-15T	个	9
5	高压承力横担	L 63mm×6mm×1500mm	副	2

续表

序号	名称	规格	单位	数量
6	拉线抱箍	ϕ190mm	副	1
7	平行挂板	P-7	个	1
8	楔形线夹	NUT-2	副	1
9	钢绞线	GJ-50mm²	m	20
10	UT形线夹	UT-2	副	1
11	拉线棒	ϕ16	根	1
12	拉线盘	LP-2	块	1
13	直角挂板	Z-7	个	3
14	球头挂环	Q-7	个	3
15	悬式绝缘子	XP-4.5	个	3
16	碗头挂板	W7-B	个	3
17	耐张线夹	NLD-2	个	3
18	并沟线夹	JB-2	个	3
19	中导线抱箍	ϕ190mm	副	1
20	隔离刀闸托架	∟50mm×5mm×2800mm	副	1
21	跌落式熔断器托架	∟50mm×5mm×2800mm	副	1
22	隔离刀闸	GW1-10/200	组	1
23	避雷器小横担	∟50mm×5mm×700mm	根	3
24	跌落式熔断器	RW10-10F	组	1
25	避雷器	HY5WS2-17/50	组	1
26	操作机构		套	1

续表

序号	名称	规格	单位	数量
27	操作杆	DN25	根	1
28	操作机构拉杆接头		个	2
29	设备线夹	JB-2	个	13
30	变压器槽钢托架		副	1
31	变压器	SH11-50kV·A	台	1
32	橡皮线	35mm^2	m	30
33	接地极	∟ 50mm×5mm×2500mm	根	3
34	扁钢		m	18

柱上变压器杆故障重点巡视内容如图 45 所示。

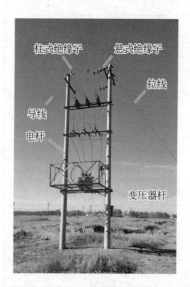
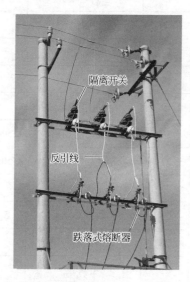

图 45　柱上变压器杆故障重点巡视内容

电杆部分：

（1）检查杆根有无腐蚀松动。

（2）杆身无纵向裂纹，横向裂纹不超过 0.5mm。

（3）检查杆基是否倾斜。

支撑杆部分：

（1）检查支撑杆有无破损，支撑位置是否偏移。

（2）检查支撑抱箍是否松动，螺栓平垫、弹簧垫是否齐全。

操作机构部分：

（1）检查机构抱箍是否松动，螺栓平垫、弹簧垫是否齐全。

（2）检查机构锁解锁闭锁是否自如。

（3）检查机构拉环是否缺失。

（4）检查机构隔离刀闸拉杆连接头有无销钉。

（5）检查机构拐臂是否开焊断裂。

（6）检查机构操作手柄是否弯曲变形。

（7）检查机构拉杆在操作时是否弯曲变形影响隔离刀闸拉合。

悬式绝缘子部分：

（1）擦拭悬式绝缘子，检查有无裂纹放电痕迹。

（2）检查平行挂板、球头挂环、碗头挂板、耐张线夹、M 销钉是否齐全，平垫、弹簧垫是否齐全。

（3）检查耐张线夹有无锈蚀、裂纹。

（4）检查导线是否松股、断股、破损、腐蚀，是否缠绕铝包带。

（5）检查导线弛度。

（6）检查导线连接部位（并沟线夹）有无虚接放电痕

迹，螺栓有无松动，平垫、弹簧垫是否齐全。

变压器部分（图46）：

（1）检查变压器固定情况。

（2）检查操作平台是否牢固。

（3）清理变压器外壳。

（4）检查储油柜、油位及吸湿器。

（5）检查变压器箱体及各附件有无渗漏，螺栓有无松动。

（6）擦拭高低压瓷套管，检查有无破损裂纹、放电闪络及其他异常情况。

（7）检查高、低压接线柱与设备线夹的连接有无接触不良而过热现象。

（8）检查上下引线是否松股、断股、破损、腐蚀，是否缠绕铝包带。

图46　变压器部分故障重点巡视内容

跌落式熔断器部分：

（1）检查变压器跌落式熔断器固定情况，电气连接部位有无接触不良发生过热现象。

（2）检查熔断管与熔断器接触是否紧密，熔断丝额定电流为变压器一次额定电流的 1.5～2 倍。

（3）将缺失或损坏的熔断管进行更换。

避雷器小横担部分：

（1）避雷器小横担是否倾斜。

（2）检查避雷器小横担抱箍螺栓有无松动，平垫、弹簧垫是否齐全。

避雷器部分：

（1）检查避雷器型号（6kV 为 15/30，10kV 为 17/50）。

（2）检查避雷器是否缺失。

（3）检查避雷器弹子是否脱落。

（4）检查避雷器塑料托架是否已拆除。

（5）检查避雷器是否松动，螺栓平垫、弹簧垫是否齐全。

（6）检查避雷器外观，避雷器硅胶外壳有无过热、破损现象，电阻块是否松动、移位。

（7）检查避雷器引线松紧度，连接部位是否松动、有破股、断股和放电现象。

隔离刀闸部分：

（1）检查隔离刀闸支撑抱箍、支撑角铁、拉板、隔离刀闸托架螺栓是否松动，平垫、弹簧垫是否齐全。

（2）检查设备线夹是否紧固，有无放电现象。

（3）擦拭隔离刀闸座瓶，检查有无裂纹放电现象。

（4）检查大拐臂、小拐臂有无裂纹开焊现象。

（5）检查动静触头接触是否良好，涂抹导电膏，检查张开角度，开距达到 200mm 以上，三相动作是否同期。

（6）检查隔离刀闸拉合是否灵活好用，机械传动部位加注润滑油。

柱式绝缘子部分：

（1）擦拭柱式绝缘子。

（2）检查柱式绝缘子是否松动，螺栓平垫、弹簧垫、销钉、小绑线是否齐全。

（3）检查瓷件部位有无裂纹、放电痕迹。

（4）检查绑线是否松动断股。

接地系统部分：

（1）检查有无接地极。

（2）检查接地引下线是否齐全。

（3）检查接地系统连接点（隔离刀闸架、避雷器下引线、机构、变压器中性点及外壳、低压隔离刀闸箱）是否与接地引下线紧密连接。

（4）测量接地电阻值是否达标（100kV·A 以下变压器应小于等于 10Ω，100kV·A 及以上变压器应小于等于 4Ω）。

118.隔离开关杆各部安装尺寸是多少？料表及故障重点巡视内容是什么？

隔离开关杆各部安装尺寸如图 47 所示。

隔离开关杆安装备料单见表 8。

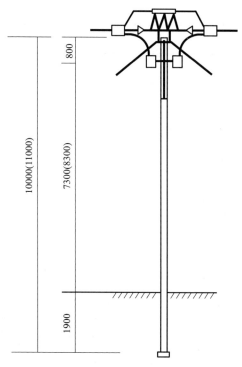

图 47　隔离开关杆安装尺寸图（单位 mm）

表 8　隔离开关杆安装备料单

序号	名称	规　格	单位	数量
1	混凝土电杆	φ190mm×L	根	1
2	隔离刀闸托架	∟70mm×6mm×2100mm	副	1
3	撑脚	∟50mm×50mm×1096mm	根	4
4	撑脚抱箍	φ200mm	副	1
5	隔离刀闸	GW1-10/200	组	1
6	避雷器横担	∟63mm×6mm×2100mm	副	1

序号	名称	规　格	单位	数量
7	避雷器	HY5WS2—17/50	组	2
8	操作机构		套	1
9	操作杆	DN25	根	1
10	操作机构拉杆接头		个	2
11	拉线抱箍	φ190mm	副	2
12	平行挂板	P-7	个	4
13	楔形线夹	NUT-2	副	4
14	钢绞线	GJ-50mm²	m	80
15	UT 线夹	UT-2	副	4
16	拉线棒	φ16mm	根	4
17	拉线盘	LP-2	块	4
18	直角挂板	L-Z	个	6
19	球头挂环	Q-7	个	6
20	悬式绝缘子	XP-4.5	个	6
21	碗头挂板	W7-B	个	6
22	耐张线夹	NLD-2	个	6
23	杆顶支座抱箍	φ190mm	副	1
24	设备线夹	JB-2	个	6
25	橡皮线	35mm²	m	15

续表

序号	名称	规 格	单位	数量
26	接地极	∟50mm×5mm×2500mm	根	3
27	扁钢		m	18
28	底盘	DP	块	1

隔离开关杆故障重点巡视内容如图 48 所示。

图 48　隔离开关故障重点巡视内容

电杆部分：

（1）检查杆根有无腐蚀松动。

（2）杆身无纵向裂纹，横向裂纹不超过 0.5mm。

（3）检查杆基是否倾斜。

支撑杆部分：

（1）检查支撑杆有无破损。

（2）检查支撑位置是否偏移。

（3）检查支撑抱箍是否松动，螺栓平垫、弹簧垫是否齐全。

操作机构部分：

（1）检查机构抱箍是否松动，螺栓平垫、弹簧垫是否齐全。

（2）检查机构锁解锁闭锁是否自如。

（3）检查机构拉环是否缺失。

（4）检查机构隔离刀闸拉杆连接头有无销钉。

（5）检查机构拐臂是否开焊断裂。

（6）检查机构操作手柄是否弯曲变形。

（7）检查机构拉杆在操作时是否弯曲变形影响隔离刀闸拉合。

避雷器横担部分：

（1）检查避雷器横担是否倾斜。

（2）检查避雷器横担抱箍螺栓有无松动，平垫、弹簧垫是否齐全。

避雷器部分：

（1）检查避雷器是否缺失。

（2）检查避雷器弹子是否脱落。

（3）检查避雷器塑料托架是否已拆除。

（4）检查避雷器是否松动，螺栓平垫、弹簧垫是否齐全。

（5）检查避雷器外观，避雷器硅胶外壳有无过热、破损现象，电阻块是否松动、移位。

（6）检查避雷器引线松紧度，连接部位是否松动有无放电现象。

（7）检查连接处避雷器引线是否破股、断股。

隔离刀闸部分：

（1）检查隔离刀闸支撑抱箍、支撑角铁、拉板。

（2）隔离刀闸托架螺栓是否松动，平垫、弹簧垫是否齐全。

（3）擦拭悬式绝缘子，检查有无裂纹、放电现象。

（4）检查平行挂板、球头挂环、碗头挂板、耐张线夹销钉，平垫、弹簧垫是否齐全。

（5）检查导线是否松股、断股、破损、腐蚀，是否缠绕铝包带。

（6）检查设备线夹是否紧固，有无放电现象。

（7）擦拭隔离刀闸座瓶，检查有无裂纹、放电现象。

（8）检查大、小拐臂有无裂纹、开焊现象。

（9）检查动、静触头接触是否良好，涂抹导电膏。

（10）检查动触头张开角度，开距达到 200mm 以上。

（11）检查三相动作是否同期。

（12）检查隔离刀闸拉合是否灵活好用，传动部位加注润滑油。

接地系统部分：

（1）检查有无接地极。

（2）检查接地引下线是否齐全。

（3）接地引线与接地极、操作机构、避雷器、隔离刀闸托架连接是否牢固。

（4）测量接地电阻值是否达标。

119. 电缆终端杆各部安装尺寸是多少？料表及故障重点巡视内容是什么？

电缆终端杆各部安装尺寸如图 49 所示。

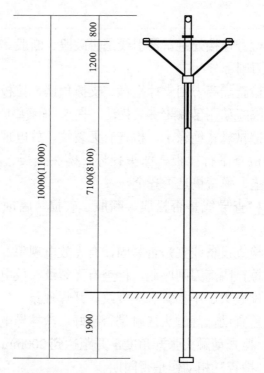

图 49　电缆终端杆安装尺寸图（单位 mm）

电缆终端杆安装备料单见表 9。

表 9　电缆终端杆安装备料单

序号	名　称	规　格	单位	数量
1	混凝土电杆	$\phi190mm\times L$	根	1
2	高压承力横担	∟63mm×6mm×1500mm	副	2
3	拉线抱箍	$\phi190mm$	副	1
4	平行挂板	P-7	个	1

续表

序号	名称	规格	单位	数量
5	楔形线夹	NUT-2	副	1
6	钢绞线	GJ-50mm²	m	20
7	UT线夹	UT-2	副	1
8	拉线棒	ϕ16mm	根	1
9	拉线盘	LP-2	块	1
10	直角挂板	Z-7	个	3
11	球头挂环	Q-7	个	3
12	悬式绝缘子	XP-4.5	个	3
13	碗头挂板	W7-B	个	3
14	耐张线夹	NLD-2	个	3
15	并沟线夹	JB-2	个	3
16	柱式绝缘子	PSG-15T	个	1
17	杆顶支座抱箍	ϕ190mm	副	1
18	中导线抱箍	ϕ190mm	副	1
19	电缆终端头		套	1
20	电缆保护管		根	1
21	电缆固定抱箍	R=113、127、145mm	副	5

电缆终端杆故障重点巡视内容如图50所示。

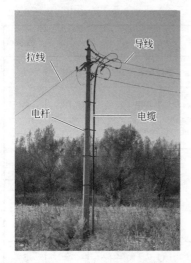

图 50 电缆终端杆故障重点巡视内容

电杆部分：

（1）检查杆根有无腐蚀松动。

（2）杆身无纵向裂纹，横向裂纹不超过 0.5mm。

（3）检查杆基是否倾斜。

支撑杆部分：

（1）检查支撑杆有无破损。

（2）检查支撑位置是否偏移。

（3）检查支撑抱箍是否松动，螺栓平垫、弹簧垫是否齐全。

悬式绝缘子部分：

（1）擦拭悬式绝缘子，检查有无裂纹放电痕迹。

（2）检查平行挂板、球头挂环、碗头挂板、耐张线夹、M 销钉是否齐全，平垫、弹簧垫是否齐全。

（3）检查耐张线夹有无锈蚀、裂纹。

（4）检查导线是否松股、断股、破损、腐蚀，是否缠绕铝包带。

（5）检查导线弛度。

（6）检查导线连接部位（并沟线夹）有无虚接放电痕迹，螺栓有无松动，平垫、弹簧垫是否齐全。

120. 真空开关杆各部安装尺寸是多少？料表及故障重点巡视内容是什么？

真空开关杆各部安装尺寸如图 51 所示。

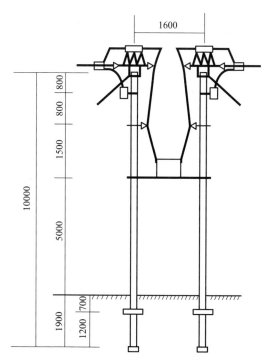

图 51　真空开关杆安装尺寸图（单位 mm）

真空开关杆安装备料单见表 10。

表 10 真空开关杆安装备料单

序号	名称	规格	单位	数量
1	混凝土电杆	ϕ190mm×L	根	2
2	隔离开关托架	∟70mm×6mm×2100mm	副	2
3	撑脚	∟50mm×50mm×1096mm	根	8
4	撑脚抱箍	ϕ200mm	副	2
5	隔离开关	GW1-10/200	组	2
6	避雷器横担	∟63mm×6mm×2100mm	副	2
7	避雷器	HY5WS2-17/50	组	2
8	操作机构		套	2
9	操作杆	DN25	根	2
10	操作机构拉杆接头		个	4
11	拉线抱箍	ϕ190mm	副	2
12	平行挂板	P-7	个	4
13	楔形线夹	NUT-2	副	3
14	钢绞线	GJ-50mm^2	m	45
15	UT 线夹	UT-2	副	3
16	拉线棒	ϕ16mm	根	2
17	拉线盘	LP-2	块	2
18	直角挂板	L-Z	个	6
19	球头挂环	Q-7	个	6
20	悬式绝缘子	XP-4.5	个	6
21	碗头挂板	W7-B	个	6
22	耐张线夹	NLD-2	个	6
23	隔离开关托架抱箍	ϕ190mm	副	2

序号	名称	规格	单位	数量
24	设备线夹	JB-2	个	18
25	真空开关托架		套	1
26	绝缘子引下横担	∟63mm×6mm×2100mm	套	2
27	柱式绝缘子	PSG-15T	个	12
28	橡皮线	$35mm^2$	m	30
29	接地极	∟50mm×5mm×2500mm	根	3
30	扁钢		m	18
31	底盘	DP	块	2
32	卡盘	KP	块	2

真空开关杆故障重点巡视内容如图 52 所示。

图52　真空开关杆故障重点巡视内容

电杆部分：

（1）检查杆根有无腐蚀松动。

（2）杆身无纵向裂纹，横向裂纹不超过 0.5mm。

（3）检查杆基是否倾斜。

支撑杆部分：

（1）检查支撑杆有无破损。

（2）检查支撑位置是否偏移。

（3）检查支撑抱箍是否松动，螺栓平垫、弹簧垫是否齐全。

操作机构部分：

（1）检查机构抱箍是否松动，螺栓平垫、弹簧垫是否齐全。

（2）检查机构锁解锁闭锁是否自如。

（3）检查机构拉环是否缺失。

（4）检查机构隔离刀闸拉杆连接头有无销钉。

（5）检查机构拐臂是否开焊断裂。

（6）检查机构操作手柄是否弯曲变形。

（7）检查机构拉杆在操作时是否弯曲变形影响隔离刀闸拉合。

真空开关部分：

（1）检查真空开关安装是否牢固。

（2）进行分合闸实验，操作手柄是否灵活好用。

（3）分、合指示针指示位置是否准确。

（4）检修后真空开关、刀闸所在的位置应与检修前真空开关、刀闸所在的位置一致，防止造成误合环和甩负荷现象发生。

避雷器横担部分：

（1）检查避雷器横担是否倾斜。

（2）检查避雷器横担抱箍螺栓有无松动，平垫、弹簧垫是否齐全。

接地系统部分：

（1）检查有无接地极。

（2）检查接地引下线是否齐全。

（3）接地引线与接地极、机构、避雷器、隔离刀闸托架连接是否牢固。

（4）测量接地电阻值是否达标（接地电阻不应大于 4Ω）。

避雷器部分：

（1）检查避雷器型号（6kV 为 15/30，10kV 为 17/50）。

（2）检查避雷器是否缺失。

（3）检查避雷器弹子是否脱落。

（4）检查避雷器塑料托架是否已拆除。

（5）检查避雷器是否松动，螺栓平垫、弹簧垫是否齐全。

（6）检查避雷器外观，避雷器硅胶外壳有无过热、破损现象，电阻块是否松动、移位。

（7）检查避雷器引线松紧度，连接部位是否松动，有无放电现象。

（8）检查连接点处避雷器引线是否破股、断股。

隔离刀闸部分：

（1）检查隔离刀闸支撑抱箍、支撑角铁、拉板。

（2）检查隔离刀闸托架螺栓是否松动，平垫、弹簧垫是否齐全。

（3）擦拭悬式绝缘子，检查有无裂纹、放电现象。

（4）检查平行挂板、球头挂环、碗头挂板、耐张线夹销钉，平垫、弹簧垫是否齐全。

（5）检查导线是否松股、断股、破损、腐蚀，是否缠绕铝包带。

(6) 检查设备线夹是否紧固，有无放电现象。

(7) 擦拭隔离刀闸座瓶，检查有无裂纹放电现象。

(8) 检查大拐臂、小拐臂有无裂纹开焊现象。

(9) 检查动、静触头接触是否良好，加注导电膏。

(10) 检查动触头张开角度，开距应达到 200mm 以上。

(11) 检查三项同期度。

(12) 检查隔离刀闸拉合是否灵活好用，传动部位加注润滑油。

121. 柱上电容器杆各部安装尺寸是多少？料表及重点巡视内容是什么？

柱上电容器杆各部安装尺寸如图 53 所示。

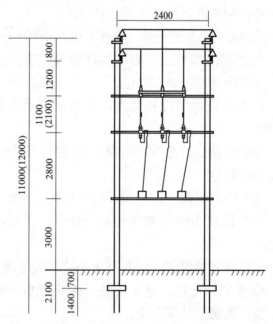

图 53　柱上电容器安装尺寸图（单位 mm）

柱上电容器安装备料单见表11。

表11 柱上电容器安装备料单

序号	名称	规格	单位	数量
1	混凝土电杆	$\phi190mm \times L$	根	2
2	高压直线横担	∟ 63mm×6mm×1500mm	套	1
3	杆顶支座抱箍	$\phi190mm$	副	1
4	柱式绝缘子	PSG-15T	个	9
5	高压承力横担	∟ 63mm×6mm×1500mm	副	2
6	拉线抱箍	$\phi190mm$	副	1
7	平行挂板	P-7	个	1
8	楔形线夹	NUT-2	副	1
9	钢绞线	GJ-50mm²	m	20
10	UT形线夹	UT-2	副	1
11	拉线棒	$\phi16mm$	根	1
12	拉线盘	LP-2	块	1
13	直角挂板	Z-7	个	3
14	球头挂环	Q-7	个	3
15	悬式绝缘子	XP-4.5	个	3
16	碗头挂板	W7-B	个	6
17	耐张线夹	NLD-2	个	3
18	并沟线夹	JB-2	个	3
19	中导线抱箍	$\phi190mm$	副	1

序号	名称	规格	单位	数量
20	隔离开关托架	∟50mm×5mm×2800mm	副	1
21	跌落式熔断器托架	∟50mm×5mm×2800mm	副	1
22	隔离开关	GW1-10/200	组	1
23	避雷器小横担	∟50mm×5mm×700mm	根	3
24	跌落式熔断器	RW10-10F	组	1
25	避雷器	HY5WS2-17/50	组	1
26	操作机构		套	1
27	操作杆	DN25	根	1
28	操作机构拉杆接头		个	2
29	设备线夹	JB-2	个	13
30	电容器槽钢托架		副	1
31	电容器	GDF-10-400kvar	台	1
32	橡皮线	35mm²	m	30
33	接地极	∟50mm×5mm×2500mm	根	3

柱上电容器杆故障重点巡视内容如图 54 所示。

电杆部分:

(1) 检查杆根有无腐蚀松动。

(2) 杆身无纵向裂纹,横向裂纹不超过 0.5mm。

(3) 检查杆基是否倾斜。

操作机构部分:

(1) 检查机构抱箍是否松动,螺栓平垫、弹簧垫是否齐全。

（2）检查机构锁解锁闭锁是否自如。

（3）检查机构拉环是否缺失。

（4）检查机构隔离刀闸拉杆连接头有无销钉。

（5）检查机构拐臂是否开焊断裂。

（6）检查机构操作手柄是否弯曲变形。

（7）检查机构拉杆在操作时是否弯曲变形影响隔离刀闸拉合。

图 54　柱上电容器杆故障重点巡视内容

跌落式熔断器部分：

（1）检查电容器跌落式熔断器固定情况，电气连接部位有无接触不良发生过热现象。

（2）检查熔断丝管与熔断器接触是否紧密。

（3）对于单只电容器，熔断丝电流按电容电流的 1.5 倍取整选取。

（4）对于主回路的总电容器，可以按照电容器组总电流的 2 倍取整选取。

（5）将缺失或损坏的熔断丝管进行更换。

避雷器部分：

（1）检查避雷器型号（6kV 为 15/30，10kV 为 17/50）。

（2）检查避雷器是否缺失。

（3）检查避雷器弹子是否脱落。

（4）检查避雷器塑料托架是否已拆除。

（5）检查避雷器是否松动，螺栓平垫、弹簧垫是否齐全。

（6）检查避雷器外观，避雷器硅胶外壳有无过热、破损现象，电阻块是否松动、移位。

（7）检查避雷器引线松紧度，连接部位是否松动、有破股、断股和放电现象。

避雷器横担部分：

（1）避雷器横担是否倾斜。

（2）检查避雷器横担抱箍螺栓有无松动，平垫、弹簧垫是否齐全。

柱式绝缘子部分：

（1）擦拭柱式绝缘子。

（2）检查柱式绝缘子是否松动，螺栓平垫、弹簧垫、销钉、小绑线是否齐全。

（3）检查瓷件部位有无裂纹、放电痕迹。

（4）检查绑线是否松动断股。

隔离刀闸部分：

（1）检查隔离刀闸支撑抱箍、支撑角铁、拉板、隔离刀闸托架螺栓是否松动，平垫、弹簧垫是否齐全。

（2）检查设备线夹是否紧固，有无放电现象。

（3）擦拭隔离刀闸座瓶，检查有无裂纹放电现象。

（4）检查大拐臂、小拐臂有无裂纹开焊现象。

（5）检查动、静触头接触是否良好，涂抹导电膏。

（6）检查张开角度，开距达到 200mm 以上。

（7）检查三相动作是否同期。

（8）检查隔离刀闸拉合是否灵活好用，机械传动部位加注润滑油。

接地系统部分：

（1）检查有无接地极。

（2）检查接地引下线是否齐全。

（3）检查接地系统连接点（隔离刀闸架、避雷器下引线、机构、电容器中性点及外壳）是否与接地引下线紧密连接。

（4）测量接地电阻值是否达标（防雷接地电阻应小于等于 10Ω，安全接地电阻小于等于 4Ω）。

122. 绝缘子接地的故障原因是什么？如何处理？

故障原因：

（1）绝缘子因环境影响、污秽引起绝缘子闪络损坏。

（2）绝缘子由于气候影响使绝缘老化加快，导致绝缘击穿。

（3）产品质量有问题。

（4）雷电过电压使绝缘子闪络击穿。

（5）外力破坏使绝缘子损坏。

（6）施工不当使绝缘子损伤，在运行中损坏。

处理方法：

（1）安装前，对绝缘子外观进行检查、做耐压试验。

（2）对老化绝缘子进行更换。

（3）按检修周期及时对绝缘子进行清洁。

123. 箱式变压器如何进行停电？如何更换箱变熔断丝？

停电：

（1）将箱式变压器的进线电源，在变压器以外的开关断开，也就是在开闭锁跌落式熔断器或是刀闸等开关设备操作，使得变压器停电。

（2）在变压器本体中，通过绝缘棒的操作，将变压器的进线开关挡位调至零位，达到停电的目的。但这类停电，大家要记住电缆的进线是带电的，工作时要注意安全。

（3）送电顺序相反。

更换熔断丝：

（1）变压器卸压。在变压器停电后，必须将变压器中的卸压阀打开，将变压器内部的压力进行释放，使变压器油箱内的压力与外界空气压力相等。目的是使变压器内油在打开熔断丝腔盖后，变压器油不会外泄。

（2）用绝缘棒的挂钩，钩住泄压阀的提环，向上抽提，使变压器内部压力释放。在压力大时，一提起压力释放环，会听到较大的气体泄漏声响，随着时间的推移，放气的声音会逐步减小，直至无声，这时，就可以认为箱体内的压力已经释放完毕。

（3）打开变压器熔断丝扣件，取出熔断丝。用绝缘棒的前端勾扣扣住熔断丝的耳环，并将耳环锁紧后，向上旋转90°，将熔断丝的锁扣打开；用手在绝缘棒的下部，向上冲击，使得绝缘棒向上抬起，将熔断丝的套管从变压器箱体内拔出。这时，可能会有少量的油从箱体中，通过熔断丝孔溢出，但只要将熔断管完全提出后，溢油会随之停止。

(4) 更换熔断丝。将熔断管取出后，检查熔断丝是否熔断。当熔断丝熔断时，在取出熔断丝套管后，熔断管将会分离为两段。也可以用万用表对熔断丝进行检测，以判断熔断丝是否熔断。将熔断的熔断丝取出，换上新的熔断丝，安装回原位置后，工作结束。

 # HSE 知识

（一）名词解释

1. **国家安全生产方针**：安全第一、预防为主、综合治理。

2. **安全承诺**：员工向企业保证完全履行自己的安全职责，并进行书面承诺。

3. **危害**：可能造成人员伤害、死亡、职业相关病症、财产损失、作业环境破坏或其他组合的根源或状态。

4. **一案三制**：突发事件应急预案、应急机制、体制和法制。

5. **违章**：在生产过程中，违反有关安全生产的规程、制度、标准以及正确的安全作业习惯，而构成的一切不安全行为和不安全状态。

6. **三违**：违章作业、违章指挥、违反劳动纪律。

7. **指挥性违章**：违反国家、行业、各级主管单位以及本单位颁发的技术规程、标准、条例和安全技术措施，进行劳动组织与指挥的行为。

8. 作业性违章：在工程设计、施工、生产过程中，不遵守国家、行业以及企业颁发的各项规定、制度和反事故措施，违反保证安全的各项规定、制度及措施的一切不安全行为。

9. 装置性违章：工作现场的环境、设备、设施及工器具不符合国家、行业、公司有关规定及反事故措施和保证人身安全的各项规定及技术措施的要求，不能保证人身和设备安全的一切不安全状态。

10. 偶然性违章：在工作中由于缺乏安全技术知识等原因，在个别作业人员身上或个别时候偶尔出现的违章行为。

11. 习惯性违章：由于固守旧的不良作业传统和工作习惯而违反安全工作规程的工作状况。

12. 高处作业：凡在坠落高度基准面 2m 以上（含 2m）有可能坠落的高处进行的作业。

13. 三级控制：公司控制重伤和事故、工区控制轻伤和障碍、班组控制未遂和异常。

14. 两票三制：工作票、操作票、交接班制、巡回检查制、设备定期试验与轮换制。

15. 作业现场四到位：人员到位、措施到位、执行到位、监督到位。

16. 作业前四清楚：作业任务清楚、危险点清楚、作业程序清楚、安全措施清楚。

17. 三熟：熟悉设备构造、性能和有关系统接线；熟悉本岗位各种规章制度；熟悉掌握各种操作和事故处理方法。

18. **五防**：防止误分、合断路器；防止带负荷分、合隔离开关；防止带电挂（合）接地线（接地开关）；防止带接地线（接地开关）合断路器；防止误入带电间隔。

19. **作业人员六不**：不走错间隔、不随意扩大工作范围、不擅自解锁、不误登杆塔、不无票作业、不无技术安全交底施工。

20. **静电**：由于物体与物体之间的紧密接触和分离，或者相互摩擦，发生了电荷转移，破坏了物体原子中正负电荷的平衡而产生的电。

21. **触电**：人体接触或接近带电体后，电流对人体造成的伤害。

22. **跨步电压触电**：电气设备绝缘损坏或当输电线路一根导线断线接地时，在导线周围的地面上，由于两脚之间的电位差所形成的触电。

23. **保护接零**：在正常情况下，将电气设备不带电的导电部分与低压配电网的零线连接起来，防止漏电发生触电事故。

24. **保护接地**：在正常情况下，将电气设备不带电的导电部分与接地体连接起来，防止漏电发生触电事故。

25. **高处作业**：凡是在坠落高度基准面 2m（含 2m）以上，有可能坠落的作业称为高处作业。

26. **人体的感知电流**：在一定概率下，通过人体引起人有任何感觉的最小电流（有效值）称为该概率下的感知电流。概率为 50％时，成年男子平均感知电流约为 1.1mA，成年女子约为 0.7mA。

27. **人体的摆脱电流**：电流超过感知增大时，发热、刺痛的感觉增加，至电流增大到一定程度，触电者将因肌肉收缩，发生痉挛而紧抓带电体，不能自行摆脱电源。人触电后能自主摆脱的最大电流称为摆脱电流。成年男性平均摆脱电流约为 16mA，成年女性约为 10.5mA。

28. **人体的致命电流**：在较短时间内危及生命的电流。

29. **电击伤害**：在发生电击时，电流通过人体内部，造成人体内部组织的破坏，影响呼吸、心脏和神经系统，严重的电击伤害会导致触电人的死亡。

30. **运用中的电气设备**：全部带有电压或一部分带有电压及一经操作即带有电压的电气设备。

31. **安全色**：用不同的颜色表示不同的信息，其目的是使人们能够迅速发现或分辨安全标志和其他不安全因素，预防发生事故。

32. **特低电压**：经过适当设计和保护的二次电路，使得在正常工作条件下和单一故障条件下，它所呈现的电压值仍然是可以接触的安全电压。

33. **紧急救护法**：正确解脱电源、掌握心肺复苏法、会止血、会包扎、会转移搬运伤员、会处理急救外伤或中毒等。

34. **个人保安线**：用于保护工作人员防止感应电伤害的地线。

35. **低电压**：用于配电的交流电力系统中 1000V 及其以下的电压等级。

36. **高电压**：高于 1000V（不含）的电压等级。

37. **特种设备**：涉及生命安全、危险性较大的设备和设施的总称，包括锅炉、压力容器（含气瓶）、压力管道、电梯、起重机械、客运索道、大型游乐设施。

38. 电伤： 电流的热效应、化学效应、机械效应对人体组织或器官造成的伤害。

39. 风险： 在 HSE 管理体系中指某一特定危害事件发生的可能性与后果严重性的组合。风险是指特定事件发生的概率和可能危害后果的函数：风险 = 可能性 × 后果的严重程度。

40. 危险： 可能导致事故的状态，它是指事物处于一种不安全的状态，是可能发生潜在事故的征兆。

41. 风险评价： 评估风险程度以及确定风险是否可允许的全过程。

42. 风险控制： 利用工程技术、教育和管理手段消除、替代并控制危害因素，防止发生事故、造成人员伤亡及财产损失。

43. 临时用电作业： 在生产或施工区域内临时性使用非标准配置 380V 及以下的低电压电力系统不超过 6 个月的作业。

44. 工作前安全分析： 在作业前，由作业负责人组织施工作业人员辨识作业环境、场地、设备工具、人员，以及整个作业过程中存在的危害，从而提前制定防范措施，避免或减少事故发生的一种风险防控方法。

45. 事故： 是人（个人或集体）在为实现某种意图而进行的活动过程中，突然发生的、违反人的意志的、迫使活动暂时或永久停止的事件。

46. 两书一表： 是中国石油天然气集团有限公司基层组织 HSE 管理的基本模式，是 HSE 管理体系在基层安全生产管控的具体实施方法。"两书一表"包括"HSE 作业指导书""HSE 作业计划书"和"HSE 现场检查表"。

47. **属地**：员工所负责日常管理的工作区域，可包含作业场所、实物资产和人员。属地应有明确的范围界限，有具体的管理对象（人、物等），有清晰的标准和要求。

48. **属地管理**：对属地内的管理对象按标准和要求进行组织、协调、领导和控制。

49. **事件**：发生或可能发生与工作相关的健康损害或人身伤害（无论严重程度），或者死亡情况。事件的发生可能造成事故，也可能并未造成任何损失，因此说事件包括事故。

（二）问答

1. **电气安全的四要素是什么？**

（1）做好用电安全管理。（2）掌握电气安全技术。（3）保证电气设备质量可靠。（4）及时触电急救。

2. **人体发生触电的原因是什么？**

在电路中，人体的一部分接触相线，另一部分接触其他导体，就会发生触电。触电的原因：（1）违规操作。（2）绝缘性能差漏电，接地保护失灵，设备外壳带电。（3）工作环境过于潮湿，未采取预防触电措施。（4）接触断落的架空输电线或地下电缆漏电。

3. **触电方式有哪几种类型？**

单相触电、两相触电、跨步电压与接触电压触电、感应电压触电、雷击触电。

4. **触电的现场急救方法主要有几种？**

人工呼吸法、人工胸外心脏按压法两种。

5. **发生人身触电应该怎么办？**

（1）当发现有人触电时，应先断开电源。（2）在未切断电源时，为争取时间可用干燥的木棒、绝缘物拨开电线或站在干燥木板上或穿绝缘鞋用一只手去拉触电者，使之脱离电源，随后进行抢救。人在高处应防止脱电后落地摔伤。（3）触电后昏迷但又有呼吸者应抬到温暖、空气流通的地方休息，如呼吸困难或停止，就立即进行人工呼吸。

6. 如何使触电者脱离电源？

（1）尽快断开与触电者有关的电源开关。（2）用相适应的绝缘物使触电者脱离电源。（3）现场可采用短路法使断路器跳闸或用绝缘杆挑开导线。（4）脱离电源时要防止触电者摔伤。

7. 开展触电急救，伤者脱离电源后救护者应注意的事项有哪些？

（1）救护人不可直接用手、其他金属及潮湿的物体作为救护工具，而应使用适当的绝缘工具。救护人最好用一只手操作，以防自己触电。（2）防止触电者脱离电源后可能的摔伤，特别是当触电者在高处的情况下，应考虑防止坠落的措施。即使触电者在平地，也要注意触电者倒下的方向，注意防摔。救护者也应注意救护中自身的防坠落、防摔伤措施。（3）救护者在救护过程中特别是在杆上或高处抢救伤者时，要注意自身和被救者与附近带电体之间的安全距离，防止再次触及带电设备。电气设备、线路即使电源已断开，对未做安全措施挂上接地线的设备也应视作有电设备。救护人员登高时应随身携带必要的绝缘工具和牢固的绳索等。（4）如事故发生在夜间，应设置临时照明灯，以便于抢救，避免意外事故，但不能因此延误切除电源和进行急救的时间。

8. 预防触电事故的措施有哪些?

(1) 采用安全电压。(2) 保证绝缘性能。(3) 采用屏护。
(4) 保持安全距离。(5) 合理选用电气设备。(6) 装设漏电保护器。(7) 保护接地与接零等。

9. 安全用电注意事项有哪些?

(1) 手潮湿 (有水或出汗) 不能接触带电设备和电源线。(2) 各种电气设备,如电动机、启动器、变压器等金属外壳必须有接地线。(3) 电路开关一定要安装在火线上。(4) 在接、换熔断丝时,应切断电源。熔断丝要根据电路中的电流大小选用,不能用其他金属代替熔断丝。(5) 正确选用电线,根据电流的大小确定导线的规格及型号。(6) 人体不要直接与通电设备接触,应用装有绝缘柄的工具 (有绝缘手柄的夹钳等) 操作电气设备。(7) 电气设备发生火灾时,应立即切断电源,并用二氧化碳灭火器灭火,切不可用水或泡沫灭火器灭火。(8) 高大建筑物必须安装避雷器,如发现温升过高,绝缘下降时,应及时查明原因,消除故障。(9) 发现架空电线破断、落地时,人员要离开电线地点 8m 以外,要有专人看守,并迅速组织抢修。

10. 火灾过程一般分为哪几个阶段?

火灾过程一般可分为初期阶段、发展阶段、猛烈阶段、下降阶段和熄灭阶段。

11. 扑救火灾的原则是什么?

(1) 报警早,损失少。(2) 边报警,边扑救。(3) 先控制,后灭火。(4) 先救人,后救物。(5) 防中毒,防窒息。(6) 听指挥,莫惊慌。

12. 目前油田常用的灭火器有哪些?

目前油田常用的灭火器有泡沫灭火器、二氧化碳灭火器、干粉灭火器等。

13. 手提式干粉灭火器如何使用？适用哪些火灾的扑救？

（1）使用方法：首先拔掉保险销，然后一只手将拉环拉起或压下压把，另一只手握住喷管，对准火源。（2）适用范围：扑救液体火灾、带电设备火灾和遇水燃烧等物品的火灾，特别适用于扑救气体火灾。

14. 使用干粉灭火器的注意事项有哪些？

（1）要注意风向和火势，确保人员安全。（2）操作时要保持竖直，不能横置或倒置，否则不能将灭火剂喷出。

15. 如何报火警？

一旦失火，要立即报警，报警越早，损失越小，打电话时，一定要沉着。首先要记清火警电话"119"，接通电话后，要向接警中心讲清失火单位的名称地址、什么东西着火、火势大小，以及着火的范围。同时还要注意听清对方提出的问题，以便正确回答。随后，把自己的电话号码和姓名告诉对方，以便联系。打完电话后，要立即派人到交叉路口等待消防车的到来，以利于引导消防车迅速赶到火灾现场。还要迅速组织人员疏散消防通道，消除障碍物，使消防车到达火场后能立即进入最佳位置灭火救援。

16. 油、气、电着火如何处理？

（1）切断油、气、电源，放掉容器内压力，隔离或搬走易燃物。（2）刚起火或小面积着火，在人身安全得到保证的情况下要迅速灭火，可用灭火器、湿毛毡、棉衣等灭火，若不能及时灭火，要控制火势，阻止火势向油、气方向蔓延。（3）大面积着火，或火势较猛，应立即报警。（4）油池着火，勿用水灭火。（5）电器着火，在没切断电源时，只能用二氧化碳、干粉等灭火器灭火。

17. 对火灾事故"四不放过"的处理原则是什么？

（1）事故原因分析不清不放过。（2）事故责任者和群众没有受到教育不放过。（3）事故责任者没有受到处罚不放过。（4）没有整改措施不放过。

18. 高处作业级别是如何划分的？

（1）作业高度在 2～< 5m 时，称为一级高处作业。（2）作业高度在 5～< 15m 时，称为二级高处作业。（3）作业高度在 15～< 30m 时，称为三级高处作业。（4）作业高度不小于 30m 时，称为特级高处作业。

19. 登高巡回检查应注意什么？

（1）五级以上大风、雪、雷雨等恶劣天气，禁止登高检查。（2）禁止攀登有积雪、积冰的梯子。（3）2m 以上的登高检查和作业时必须系安全带。

20. 安全带通常使用期限为几年？几年抽检一次？

安全带通常使用期限为 3～5 年，发现异常应提前报废。一般安全带使用 2 年后，按批量购入情况应抽检一次。

21. 使用安全带时有哪些注意事项？

（1）安全带应高挂低用，注意防止摆动碰撞，使用 3m 以上的长绳时应加缓冲器，自锁钩用吊绳例外。（2）缓冲器、速差式装置和自锁钩可以串联使用。（3）不准将绳打结使用，也不准将钩直接挂在安全绳上使用，应挂在连接环上用。（4）安全带上的各种部件不得任意拆卸，更换新绳时应注意加绳套。

22. 哪些伤害必须就地抢救？

触电、中毒、淹溺、中暑、失血。

23. 外伤急救步骤是什么？

止血、包扎、固定、送医院。

24. 烧烫伤急救要点是什么？

（1）迅速熄灭身体上的火焰，减轻烧伤。（2）用冷水冲洗、冷敷或浸泡肢体，降低皮肤温度。（3）用干净纱布或被单覆盖和包裹烧伤创面，切忌在烧伤处涂各种药水和药膏。（4）可给烧伤伤员口服自制烧伤饮料（糖盐水），切忌给烧伤伤员喝白开水。（5）搬运烧伤伤员，动作要轻柔、平稳，尽量不要拖拉、滚动，以免加重皮肤损伤。

25. 触电急救有哪些原则？

进行触电急救，应坚持迅速、就地、准确、坚持的原则。

26. 触电急救要点是什么？

（1）迅速切断电源。（2）若无法立即切断电源时，用绝缘物品使触电者脱离电源。（3）保持呼吸道畅通。（4）立即呼叫"120"急救电话，请求救治。（5）如呼吸、心跳停止，应立即进行心肺复苏。（6）妥善处理局部电烧伤的伤口。

27. 如何判定触电伤员的呼吸、心跳？

触电伤员如意识丧失，应在 10s 内，用看、听、试的方法，判定伤员呼吸心跳情况。（1）看：看伤员的胸部、腹部有无起伏动作。（2）听：用耳贴近伤员的口鼻处，听有无呼气声音。（3）试：试测口鼻有无呼气的气流。再用两手指轻试一侧（左或右）喉结旁凹陷处的颈动脉有无搏动。若看、听、试结果，既无呼吸又无颈动脉搏动，可判定呼吸心跳停止。

28. 高空坠落急救要点是什么？

（1）坠落在地的伤员，应初步检查伤情，不要搬动摇晃。（2）立即呼叫"120"急救电话，请求救治。（3）采取初步急救措施：止血、包扎、固定。（4）注意固定颈部、胸腰部脊椎，搬运时保持动作一致平稳，避免脊柱弯曲扭动加重伤情。

29. 如何进行口对口（鼻）人工呼吸？

在保持伤员气道通畅的同时，救护人员用放在伤员额上的手，捏住伤员鼻翼，救护人员深吸气后，与伤员口对口紧合，在不漏气的情况下，先连续大口吹气两次，每次 $1 \sim 1.5s$。如两次吹气后试测颈动脉仍无搏动，可判断心跳已经停止，要立即同时进行胸外按压。除开始时大口吹气两次外，正常口对口（鼻）呼吸的吹气量不需过大，以免引起胃膨胀，吹气和放松时要注意伤员胸部应有起伏的呼吸动作。触电伤员如牙关紧闭，可口对鼻人工呼吸。口对鼻人工呼吸吹气时，要将伤员嘴唇紧闭，防止漏气。

30. 如何对伤员进行胸外按压？

（1）救护人员右手的食指和中指沿触电伤员的右侧肋弓下缘向上，找到肋骨和胸骨结合处的中点。（2）两手指并齐，中指放在切迹中点（剑突底部），食指平放在胸骨下部。（3）另一只手的掌根紧挨食指上缘，置于胸骨上，找准正确按压位置。（4）救护人员的两肩位于伤员胸骨正上方，两臂伸直，肘关节固定不屈，两手掌根相叠，手指翘起，不接触伤员胸壁。（5）以髋关节为支点，利用上身的重力，垂直将正常人胸骨压陷 $3 \sim 5cm$（儿童和瘦弱者酌减）。（6）压至要求程度后，立即全部放松，但放松时救护人员的掌根不得离开胸壁。按压必须有效，有效的标志是按压过程中可以触及颈动脉搏动。

31. 心肺复苏法操作频率有什么规定？

（1）胸外按压要以均匀速度进行，每分钟 80 次左右，每次按压和放松的时间相等。(2) 胸外按压与口对口（鼻）人工呼吸同时进行，其节奏为：单人抢救时，每按压 15 次后吹气 2 次（15：2），反复进行。双人抢救时，每按压 5 次后由另一人吹气 1 次（5：1），反复进行。

32. 紧急救护的基本原则及成功的关键是什么？

紧急救护的基本原则是：在现场采取积极措施保护伤员生命，减轻伤情、减轻痛苦，并根据伤情需要，迅速联系医疗部门救治。急救成功的关键是动作快，操作正确，任何拖延和操作错误都会导致伤员伤情加重或死亡。

33. 电气火灾的特点是什么？

电气火灾一个特点是着火后电气设备可能是带电的，若不注意，容易引起触电事故，即火灾事故和人体触电危险同时存在。另一个特点是有些电气设备（如电力变压器、多油断路器等）本身充装有大量的油，在火灾发生时，可能发生喷油甚至爆炸，即火灾事故与爆炸危险同时存在。

34. 电气设备发生火灾，在灭火前切断电源应注意什么？

发现电气设备起火后，应首先设法切断有关电源，切断电源时要注意以下几点：(1) 火灾发生后，由于受潮或烟熏，开关设备绝缘能力降低，因此，拉闸时最好用绝缘工具操作。(2) 高压应先拉断路器而不应先操作隔离开关切断电源，低压应先操作磁力启动器而不应先操作刀开关切断电源，以免弧光短路或烧伤人员。(3) 切断电源的地点要选择适当，防止切断电源后影响灭火工作。(4) 剪断电线时，不同相电线应在不同部位剪断，以免造成短路，剪断空中电线时，剪断位置应选择在电源方向支持物附近，以防止电线剪断后掉落下来造成接地短路或触电事故。(5) 剪断电线时，无论线路带电与否，均应视为线路带电，使用剪钳的绝缘性能必须良好，必须在试验周期范围内。

35. 职业病危害因素有哪些？

指劳动者职业活动中可能在作业场所接触到的粉尘、化学性毒物、物理因素、生物因素等可能导致职业病的各种有害因素。

36. 电力专业安全生产禁令是什么？

（1）严禁在禁烟区吸烟、酒后上岗。（2）严禁高处作业不系安全带、恶劣天气高处作业。（3）严禁无操作证从事电气、电气焊、起重作业。（4）严禁违反操作规程进行动火、进入受限空间、临时用电作业。（5）严禁无有效票证、无监护进行进网电气作业。（6）严禁擅自投、停设备联锁、保护装置及使用不合格的绝缘器具、防护用具进行电气操作。（7）严禁不使用绝缘器具、防护用具进行电气操作。（8）严禁带负荷操作刀闸、带接地线合闸、带电挂接地线和作业前不验电。（9）严禁在 DCS/ESD 等操作系统中私自安装软件或使用个人存储设备。（10）严禁违章指挥和其他违章作业。

37. 常用标识牌悬挂地点和式样是什么？

常用标识牌悬挂地点和式样见表 12。

表 12　常用标识牌悬挂地点和式样表

名称	悬挂处	式样	
		颜色	字样
禁止合闸，有人工作！	一经合闸即可送电到施工设备的隔离开关（刀闸）操作把手上	白色，红色圆形斜杠，黑色禁止标志符号	黑字

续表

名称	悬挂处	式样	
		颜色	字样
禁止合闸，线路有人工作！	线路隔离开关（刀闸）把手上	白色，红色圆形斜杠，黑色禁止标志符号	黑字
在此工作！	工作地点或检修设备上	衬底为绿色，中有直径200mm和65mm白圆圈	黑字，写于白圆圈中
止步，高压危险！	施工地点临近带电设备的遮栏上；室外工作地点的围栏上；禁止通行的过道上；高压试验地点；室外构架上；工作地点临近带电设备的横梁上	白底，黑色正三角形及标志符号，衬底为黄色	黑字
从此上下！	工作人员可以上下的铁架、爬梯上	衬底为绿色，中有直径200mm白圆圈	黑字，写于白圆圈中
从此上下！	室外工作地点的围栏的出入口处	衬底为绿色，中有直径200mm白圆圈	黑字，写于白圆圈中
禁止攀登，高压危险！	高压配电装置构架的爬梯上，变压器、电抗器等设备的爬梯上	白底，红色圆形斜杠，黑色禁止标志符号	黑字

38. 在带电线路上工作与带电导线最小安全距离是多少？

带电线路上工作与带电导线的最小安全距离见表13。

表 13　带电线路上工作与带电导线最小距离表

电压等级，kV	安全距离，m
≤ 10	0.7
20、35	1.0
66、110	1.5
220	3.0
330	4.0
500	5.0
750	8.0
1000	9.5

39. 电气工作人员必须具备哪些条件？

（1）经医师鉴定，无妨碍工作的病症（体格检查约两年一次）。（2）具备必要的电气知识，且按其职务和工作性质，熟悉《电业安全工作规程》（发电厂和变电所电气部分、电力线路部分、热力和机械部分）的有关内容，并经考试合格。（3）学会紧急救护法，特别要学会触电急救。

40. 保证安全的组织措施是什么？

（1）工作票制度。（2）工作许可制度。（3）工作监护制度。（4）工作间断制度。（5）工作终结和恢复送电制度。

41. 保证安全的技术措施是什么？

（1）停电。（2）验电。（3）装设接地线。（4）悬挂标示牌和装设遮栏。

42. 工作票签发人的安全责任有哪些？

（1）工作必要性。（2）工作是否安全。（3）工作票上所填安全措施是否正确完备。（4）所派工作负责人和工作班人员是否适当且充足。

43. 工作负责人（监护人）的安全责任有哪些？

（1）正确安全地组织工作。（2）负责检查工作票所列安全措施是否正确完备和工作许可人所做的安全措施是否符合现场实际条件，必要时予以补充。（3）工作前对工作班成员进行危险点告知，交代安全组织措施和技术措施，并确认每一个工作班成员都已知晓。（4）严格执行工作票所列安全措施。（5）督促、监护工作人员遵守本规程正确使用劳动保护用品和执行现场安全措施。（6）工作班成员精神状态是否良好。（7）工作班成员变动是否合适。

44. 工作许可人（值班调度员、工区值班员或变电所值班员）的安全责任有哪些？

（1）审查工作必要性。（2）线路停、送电和许可工作的命令是否正确。（3）发电厂或变电所线路的接地线等安全措施是否正确完备。

45. 工作班成员的安全责任有哪些？

（1）明确工作内容、工作流程、安全措施、工作中的危险点，并履行确认手续。（2）严格遵守安全规章制度、技术规程和劳动纪律，正确使用安全工具和劳动保护用品。（3）相互关心工作安全，并监督本规程和现场安全措施的实施。

46. 带电作业应注意哪些事项？

（1）带电作业的操作人员应经专业操作训练。（2）所有工具必须试验合格。（3）人身与带电体的安全距离以及绝缘工具的有效绝缘长度应符合规定要求。

47. 电气设备上的安全色标识有哪些？

在电气设备上用黄、绿、红三色分别代表 L1（A）、L2（B）、L3（C）三个相序。涂成红色的电器外壳表示其外壳有电；灰色的电器外壳表示其外壳接地或接零；线路上黑色代表工作零线；明敷接地扁钢或圆钢涂黑色；用黄绿双色绝缘导线代表保护零线；直流电中红色代表正极，蓝色代表负极；信号和警告回路用白色。

48. 绝缘安全工器具的试验周期是多少时间？

（1）验电器1年。（2）短路接地线≤5年。（3）个人保安线≤5年。（4）绝缘杆1年。（5）核相器1年。（6）绝缘罩1年。（7）绝缘隔板1年。（8）绝缘胶垫1年。（9）绝缘靴半年。（10）绝缘手套半年。（11）导电鞋穿用≤200h。（12）绝缘夹钳1年。（13）绝缘绳半年。

49. 电气设备发生爆炸和火灾的原因有哪些？

（1）电气设备本身有缺陷。（2）电气设备选型及安装不当。（3）电气设备短路。（4）电气设备过负载。（5）电气连接点的接触电阻过大。（6）电气设备绝缘损伤或老化。（7）电火花。（8）电气设备使用不当。（9）违反安全操作规程。

50. 安全电压各适用于哪些场合？

（1）6V安全电压：水上作业等特殊场所。（2）12V安全电压：金属容器中、潮湿环境中的照明。（3）24V和36V安全电压：有电击危险环境手持照明灯或局部照明灯。（4）特别危险环境中使用的手持电动工具。

51. 防止人体触电的技术措施包括哪些？

（1）金属外壳用电器必须接地（零）。（2）检修电路时应断电、验电、挂牌。（3）防止线路电器绝缘受损。（4）安装漏电保护器。（5）特殊场所使用安全电压。（6）与带电体保持足够的安全距离。

52. 高压隔离开关的每一极两个刀片有什么好处？

根据电磁学原理，两根平行导体流过同一方向电流时，会产生互相靠拢的电磁力，其力的大小与平行之间的距离和电流有关，由于开关所控制操作的电路，发生故障时，刀片会流过很大的电流，使两个刀片以很大的压力紧紧地夹住固定触头，这样刀片就不会因振动而脱离原位造成事故扩大的危险，另外，由于电磁力的作用，会使刀片（动触头）与固定触头之间接触紧密，接触电阻减少，故不致因故障电流流过而造成触头熔焊现象。

53. 错误操作隔离开关后应如何处理？

（1）错拉隔离开关时，刀闸刚离开静触头便发生电弧，这时立即合上，就可以消弧，避免事故，若刀闸已全部拉开，则不许将误拉的刀闸再合上。（2）错拉隔离开关时，即使合错，甚至在合闸时发生电弧，也不准再拉开，因为带负荷刀闸会造成三相弧光短路。

54. 为了防止在同杆塔架设多回线路中误登有电线路，应该采取什么措施？

（1）每基杆塔应设识别标记（色标、判别标志等）和双重名称。（2）工作前应发给作业人员相对应线路的识别标记。（3）经核对停电检修线路的识别标记和双重名称无误，验明线路确已停电并挂好接地线后，工作负责人方可发令开始工作。（4）登杆塔和在杆塔上工作时，每基杆塔都应设专人监护。（5）作业人员登杆塔前应核对停电检修线路的识别标记和双重名称无误后，方可攀登。登杆塔至横担处时，应再次核对停电线路的识别标记与双重称号，确实无误后方可进入停电线路侧横担。

55. 装设接地线前验电有哪些必要性？如何验电？

通过验电可以确定停电设备是否无电压，以保证装设接地线人员的安全并防止带电装设接地线或带电合接地隔离开关等恶性事故的发生。

　　验电应使用相应电压等级、合格的接触式验电器。验电前，应先在有电设备上进行试验，确认验电器良好；无法在有电设备上进行试验时可用工频高压发生器等确证验电器良好。验电时人体应与被验电设备保持安全规定中规定的距离，并设专人监护。使用伸缩式验电器时应保证绝缘的有效长度。验电时应戴绝缘手套。对无法进行直接验电的设备，可以进行间接验电。

　　对同杆塔架设的多层电力线路进行验电时，先验低压、后验高压，先验下层、后验上层，先验近侧、后验远侧。禁止工作人员穿越未经验电、接地的 10kV 及以下线路对上层线路进行验电。线路的验电应逐相进行，检修断路器、隔离开关或其组合时应在其两侧验电。

56. 停电线路作业时为什么必须要挂地线？

　　停电线路挂地线，是指三相短路并接地，其目的是保证作业人员始终在接地线保护范围之内，以防线路意外来电或感应电压造成人身伤害。

　　突然来电的可能一般有：（1）人员误操作；（2）交叉跨越带电线路对停电线路放电。（3）各种情况下可能的误送电。（4）平行线路的感应电。（5）雷电。

57. 挂拆接地线的步骤包括哪些？

　　挂拆接地线的步骤如下：（1）挂接地线时，先接接地端，后接导体端，若同杆塔有多层电力线挂接电线时，应先挂低压，后挂高压；先挂下层，后挂上层；先挂近侧，后挂远侧。（2）拆除接地线的顺序与挂接地线顺序相反。

58. 试述在杆塔上工作应采取哪些安全措施？

　　（1）在杆塔上工作，必须使用安全带并佩戴安全帽。（2）安全带应系在电杆及牢固的构件上，应防止安全带从杆顶脱出或被锋利物伤害。（3）系安全带后必须检查扣环是否扣牢。（4）在杆塔上作业转位时，不得失去安全带保护。
（5）杆塔上有人工作时，不准调整拉线或拆除拉线。

59. 高风险作业包括哪些？

动火作业、进入受限空间作业、移动式起重机吊装作业、管线打开作业、挖掘作业、临时用电、高处作业。

60. 发生机械伤害事故应采取哪些应急处置措施？

现场人员立即停止作业，并向小队应急管理小组汇报现场情况，同时拨打120急救电话，并按照岗位应急处置卡进行处置。判断伤者伤情，若有大出血，首先进行止血包扎。判断伤者意识、呼吸及心跳等生命体征，选择合理的急救措施。有呼吸，无心跳，做胸部按压；有心跳，无呼吸，做人工呼吸；呼吸、心跳全无，采取心肺复苏术；若无意识，但有心跳和呼吸，掐人中，伤者平躺，保持通风。判断伤情，用纱布、止血带、三角巾、夹板等物品对外伤进行止血包扎，对骨折部位进行固定等，同时汇报上级，若伤势较轻，简单处理后，送往医院治疗，若伤势较重，立即拨打120急救电话，派专人引导救护人员或车辆到达抢救现场，共享地理位置，同时保护现场。

61. 发生高处坠落事故应采取哪些应急处置措施？

现场人员立即停止作业，向小队应急管理小组汇报现场情况，判断伤者伤情，若有大出血，首先进行止血包扎；判断伤者意识、呼吸及心跳等生命体征，选择合理的急救措施。有呼吸，无心跳，做胸部按压；有心跳，无呼吸，做人工呼吸；呼吸、心跳全无，采取心肺复苏术；若无意识，但有心跳和呼吸，掐人中，伤者平躺，保持通风。判断伤情，用纱布、止血带、三角巾、夹板等物品对外伤进行止血包扎，对骨折部位进行固定等，同时汇报上级。若伤势较轻，简单处理后，送往医院治疗，若伤势较重，立即拨打120急救电话，派专人引导救护人员或车辆到达抢救现场，共享地理位置，同时保护现场。

第三部分
基本技能

 操作技能

1. 使用脚扣登杆。

准备工作：

（1）正确穿戴劳动保护用品。

（2）工具材料准备：安全帽 1 顶，安全带 1 副，脚扣 1 副，ϕ190mm×L 混凝土电杆 1 根。

操作程序：

（1）登杆前，应核对工作内容及杆号。

（2）检查杆根及杆身是否有裂纹（对特殊杆型，要检查拉线是否紧固）。

（3）检查脚扣及安全带是否有裂纹或损坏。

（4）将安全带扣结在腰部偏下的位置。

（5）登杆前，对脚扣进行人体载荷冲击试验。

（6）左脚向上跨扣，右手同时向上扶电杆。右脚向上跨扣，左手同时向上扶电杆。上杆时两只脚扣不应相交或相碰。

（7）上杆至 1m 以上时，系好安全带。

（8）上杆中应随电杆杆径减小而缩小脚扣。

（9）登杆至施工位置时，站稳两脚扣不允许交叉。

（10）下杆时，左脚向下跨扣，右手同时向下扶电杆。右脚向下跨扣，左手同时向下扶电杆。下杆时两只脚扣不应相交或相碰。下杆中应随电杆杆径增大而伸长脚扣。

（11）下杆至 1m 以下时，解开安全带。

（12）清理现场，收拾工具、用具。

操作安全提示：

（1）上杆前，应认真检查登杆用具及杆根、杆身及拉线。

（2）上杆至 1m 后，应系安全带。

（3）两只脚扣不能相交，也不能相碰。

（4）上、下杆时，两手放在电杆的两边，稍微用力夹住电杆，腰背稍向后突出，胸部和电杆保持一定距离。

（5）手和脚的动作顺序应协调一致。

2. 识别配电线路常用材料及设备。

准备工作：

（1）正确穿戴劳动保护用品。

（2）工具材料准备：记录纸 1 张，记录笔 1 支，绝缘子若干，金具若干，钢芯铝绞线若干。

操作程序：

（1）材料进行外观检查后，进行材料识别：P-10T 绝缘子，PS-15T 绝缘子，PSG-15T/300 高压柱式绝缘子，XP-4.5 绝缘子，FXBW4-10/70 复合悬式棒形绝缘子；NLD-1 型耐张线夹，NLD-2 型耐张线夹，NLD-3 型耐张线夹，JB-3 型并沟线夹，JB-1 型并沟线夹，JBB-1 型铁并沟线夹，W-7B 型单联碗头，W-7A 型单联碗头，Q-7 型球头挂环，

NX-1 型楔形线夹，NUT 形线夹，Z-7 型直角挂板，LGJ-120 钢芯铝绞线，LGJ-50 钢芯铝绞线。

（2）根据给定的几种导线及金具，选出材料，材料表上填写选出材料的型号、规格和用途。

（3）将选出的材料放到原位。

操作安全提示：

（1）取放材料时，注意不要划伤或砸伤手。

（2）瓷质绝缘子要小心轻放。

3. 10kV 耐张杆备料。

准备工作：

（1）正确穿戴劳动保护用品。

（2）工具材料准备：记录纸 1 张，记录笔 1 支，直尺 1 把。

操作程序：

（1）列出料表、标明材料名称、材料规格及数量。

（2）按照料表中所列材料的名称、规格型号、数量选择材料：ϕ190mm×L 混凝土电杆 1 根，DP6 底盘 1 块，ϕ190mm 顶铁抱箍 1 副，XP-4.5 悬式绝缘子 12 片，Z-7 直角挂板 6 个，W-7B 碗头挂板 6 个，Q-7 球头挂环 6 个，P-10T 针式绝缘子 1 只，∟63mm×6mm×1500mm 承力横担 1 套，NLD-2 耐张线夹 6 个，LGJ-95 钢芯铝绞线若干，JB-2 并沟线夹 3 个，GJ-50 钢绞线若干，NUT-2 耐张线夹 2 个，NX-2 楔形线夹 2 个，ϕ190mm 拉线抱箍 1 副，ϕ18mm×2420mm 拉线棒 2 根，LP-8 拉线盘 2 块，铝包带若干，绑线若干。

（3）对所有选出的材料外观进行检查，看是否有损坏的材料。

（4）清理现场。

操作安全提示：

（1）取放材料时，注意不要划伤或砸伤手。

（2）瓷质绝缘子要小心轻放。

4. 地面组装耐张线夹。

准备工作：

（1）正确穿戴劳动保护用品。

（2）工具材料准备：250mm 活动扳手 1 把，钢丝钳 1 把，NLD-3 耐张线夹 1 个，LGJ-120 钢芯铝绞线若干，铝包带若干。

操作程序：

（1）在导线的端头缠铝包带，铝包带缠绕方向应与外层导线缠绕方向一致。缠绕的铝包带应超出线夹两端各 10 ～ 20mm。

（2）卸下耐张线夹的全部压杠。

（3）把缠有铝包线的导线从耐张线夹连接悬式绝缘子端穿入线夹线槽内，并贴紧线槽，把铝包带的端头压在线夹中。

（4）调节 U 形螺栓紧固螺栓，装上压杠，稍拧紧螺母，摆正压杠，按以上方法装上全部压杠。

（5）紧固 U 形螺栓，U 形螺栓紧固要均匀。

（6）做好回头。

（7）组装结束后，检查螺栓是否紧固。

（8）清理现场，整理工具。

操作安全提示：

注意不要压伤手指。

5. 配电线路 45°～90° 转角杆备料及地面组装。

准备工作：

（1）正确穿戴劳动保护用品。

（2）工具材料准备：250mm 活动扳手 2 把，钢丝钳 1 把，卷尺 1 个，ϕ190mm×L 混凝土电杆 1 根，DP6 底盘 1 块，∟75mm×8mm×1500mm 承力横担 2 副，ϕ190mm 顶铁抱箍 1 副，ϕ190mm 中导抱箍 1 副，P-10T 针式绝缘子 2 只，XP-4.5 悬式绝缘子 12 片，LGJ-70mm² 导线若干米，JB-2 并沟线夹 3 个，NLD-2 耐张线夹 6 个，W-7B 碗头挂板 6 个，Z-7 直角挂板 6 个，P-7 平行挂板 2 个，Q-7 球头挂环 6 个，ϕ190mm 顶铁抱箍 1 副，ϕ220mm 拉线抱箍 2 副，GJ-50 钢绞线若干米，NUT-2 耐张线夹 2 个，NX-2 楔形线夹 2 个，LP8 拉线盘 2 块，ϕ18mm×2420mm 拉线棒 2 根，铝包带若干米。

操作程序：

（1）填写配电线路 45°～90° 转角杆主要材料表（以上材料是根据导线 LGJ-70mm² 相应材料，进行准备的）。

（2）地面组装。

① 对材料、设备进行外观检查。

② 将吊车挂钩上的钢丝绳绑扎在电杆适当的位置上，随后吊车挂钩开始上拉，将电杆杆头吊离地面约 1m，然后停止操作，查看吊车挂钩和钢丝绳受力情况。

③ 在距离杆头 1200mm 的地方，安装下横担。

④ 在距离杆头 1000mm 的地方，安装一副拉线抱箍。

⑤ 从下横担向上量取 450mm，安装上横担。

⑥ 在距离杆头 550mm 的地方，安装一副拉线抱箍。

⑦ 把导线抱箍套在距离杆顶 150mm 的地方，将抱箍"螺栓侧"对准线路方向，进行固定。

⑧ 紧邻导线抱箍上侧，安装顶铁抱箍。

⑨ 进行耐张悬式绝缘子及附件的组装：取平行挂板、耐张线夹、球头挂环、碗头挂板各 1 个，悬式绝缘子 2 片，按照直角挂板—球头挂环—悬式绝缘子—碗头挂板—耐张线夹的顺序进行组装。

⑩ 在顶铁、上横担上分别安装 1 只针式绝缘子，安装位置应在顶铁及上横担的外侧。

操作安全提示：

（1）列出材料表时应同时列出材料名称、规格型号及数量。

（2）在备料时，应对材料进行外观检查，不符合规程要求的材料不得选入。

（3）安装各种材料时，应准确量取材料在电杆固定的位置。

（4）导线抱箍、两个拉线抱箍及上下横担的安装方向应根据线路角度进行核算。

6. 在针式绝缘子顶部绑扎导线。

准备工作：

（1）正确穿戴劳动保护用品。

（2）工具材料准备：钢丝钳 1 把，P-10T 针式绝缘子 1 只，绑扎线若干，铝包带若干，LGJ-50 钢芯铝绞线若干。

操作程序：

（1）在 LGJ-50 钢芯铝绞线上，按导线外层的绞制方向缠绕铝包带，缠绕长度超出与绝缘子接触部分两端各30mm。

（2）一只手把导线扳紧在绝缘子嵌线槽内。

（3）根据导线型号选择铝绑扎线。

（4）在导线右边靠近绝缘子处用直径为2mm绑扎线在导线上绕三圈。

（5）将绑扎线长端按逆时针方向从绝缘子颈槽内围绕到导线左边内侧，贴近绝缘子处在导线上绕三圈。

（6）绑扎线按逆时针方向围绕到导线的外侧，在导线上再绕三圈，位置排在原三圈外侧。

（7）绑扎线再围绕到导线左边，继续缠绕三圈，也排在原三圈外侧。

（8）将绑扎线按逆时针方向围绕到导线右边外侧，斜压住槽顶中导线，继续绕到导线左边内侧。

（9）把绑扎线从导线左边内侧按顺时针方向围绕到导线右边内侧，然后把绑扎线从导线右边内侧斜压住顶槽中导线，并绕到导线左边外侧，使顶槽中导线被绑扎线压成X形。

（10）再重复步骤（8）（9），使顶槽中导线被绑扎线压成双X形。

（11）绑扎线从导线左边外侧按逆时针方向围绕到绑扎线的短端处，并相交于绝缘子中间互绞6圈后，剪去余端，用钳子拧紧，做好回头。

（11）清理现场，收拾工具、用具。

操作安全提示：

（1）铝包带的缠绕长度超出导线与针式绝缘子接触部

分两端各 30mm。

（2）导线截面积在 50mm^2 及以下时宜采用直径为 2mm 的绑扎线，导线截面积在 70mm^2 及以上时采用直径为 3mm 的绑扎线。

（3）绑扎线在绝缘子两侧导线上缠绕要整齐，形成 X 形的交叉要整齐。

（4）绑扎线缠绕、绞结要牢固可靠。

7. 在针式绝缘子颈部绑扎导线。

准备工作：

（1）正确穿戴劳动保护用品。

（2）工具材料准备：钢丝钳 1 把，P-10T 针式绝缘子 1 只，绑扎线若干，铝包带若干，LGJ-50 钢芯铝绞线若干。

操作程序：

（1）在 LGJ-50 钢芯铝绞线上，按导线外层的绞制方向缠绕铝包带。

（2）缠绕长度超出与针式绝缘子接触部分两端各 30mm。

（3）根据导线型号选择铝绑扎线。

（4）一只手把导线扳紧在绝缘子嵌线槽内，把绑扎线短端先贴近绝缘子处导线右边缠绕三圈。

（5）接着与绑扎线长端互绞 6 圈。

（6）一只手把导线扳紧在绝缘子嵌线槽内，另一只手把绑扎线长端从绝缘子的背后紧紧绕到导线左下方。

（7）把绑扎线长端从导线左下方围绕到导线右上方。

（8）并如同上法再把绑扎线长端绕扎绝缘子一圈，把绑扎线长端再绕到导线左上方。

（9）继续绕到导线右下方，使绑扎线在导线上形成 X 形的交叉状。

（10）再把绑扎线围绕到导线左上方。

（11）把绑扎线长端在贴近绝缘子处紧绕导线三圈。

（12）向绝缘子背后绕去，再重复步骤（6）～（9），使绑扎线在导线上形成双 X 形的交叉状。

（13）与绑扎线短端紧绞 6 圈后，剪去余端，用钳子拧紧，做好回头。

（14）清理现场，收拾工具、用具。

操作安全提示：

（1）导线截面积在 50mm^2 及以下时宜采用直径为 2mm 的绑扎线，导线截面积在 70mm^2 及以上时采用直径为 3mm 的绑扎线。

（2）铝包带的缠绕长度应超出接触部分 30mm。

（3）绑扎线缠绕要紧密、整齐、牢固且可靠。

8. 结扎常用绳扣。

准备工作：

（1）正确穿戴劳动保护用品。

（2）工具材料准备：轻、重物体若干块，尼龙绳、麻绳或棕绳 2 根。

操作程序：

（1）打十字结。

① 将两条绳子分别对折。

② 再将两个绳扣相对上、下互压。

③ 再将压在上面绳扣的 2 个绳头，由压在下面的绳扣内部掏出。

④ 将绳索拉紧（图 55）。

图 55　十字结

（2）打水手通常结。

① 将一根绳头由重物后垂下。

② 再顺时针绕重物三圈后，将绳头从垂下的主绳后绕过。

③ 再将绳头穿入顺时针结成的绳扣内。

④ 并使绳头能露出绳扣。

⑤ 将绳索拉紧（图 56）。

图 56　水手通常结

（3）打终端搭回结。

① 将绳子垂下，从适当位置顺时针绕重物三圈。

② 将绳头从垂下的主绳后绕过。

③ 再将绳头穿入顺时针的绳扣内，并将露出的绳头绕折过最近的绳子后，然后再穿入两个顺时针绳扣内，并露头。

④ 将绳索拉紧（图 57）。

图 57　终端搭回结

（4）打牛鼻结。

① 在绳头的适当位置顺时针绕一圈。

② 绳头顺时针由绳扣底部穿过绳扣。

③ 再将绳头逆时针绕过主绳。

④ 再将绳头穿过第 1 个顺时针绳扣，并露头。

⑤ 将绳索拉紧（图 58）。

图 58　牛鼻结

（5）打双套结。

① 将绳子对折成双股绳。

② 再将双股绳逆时针绕一圈搭在主绳上。

③ 接着将双股绳头按顺时针穿过逆时针绳扣。

④ 再将双股绳头由对折的绳扣内穿出。

⑤ 将绳索拉紧（图 59）。

图 59 双套结

(6) 打双结。

① 将绳子在适当位置打折。

② 顺时针绕主绳一圈后，将绳头由绳扣中掏出。

③ 再顺时针绕主绳一圈，将绳头由绳扣内掏出。

④ 将绳索拉紧（图 60）。

图 60 双结

(7) 打死结。

① 将两条绳子对折。

② 将对折的绳子绕过重物一圈。

③ 再将两绳头由绳扣内掏出。

④将绳索拉紧（图61）。

图61　死结

（8）打木匠结。

①将绳子在适当位置，顺时针绕过重物一圈。

②再由主绳后，逆时针绕一圈后，穿入绳扣内。

③再顺时针缠绕绳扣1圈后，露出绳头。

④将绳索拉紧（图62）。

图62　木匠结

（9）打"8"字结。

①将绳子在适当位置，顺时针绕重物一圈。

②再由主绳后顺时针绕一圈。

③将绳头中部别入绳扣呈"8"字形，绳头不能穿过绳扣。

④将绳索拉紧（图63）。

图 63 "8"字结

操作安全提示：

（1）要根据重物合理选择绳套。

（2）结扎绳扣要牢固，避免重物脱落。

9. 验电、装、拆接地线。

准备工作：

（1）正确穿戴劳动保护用品。

（2）工具材料准备：安全帽 1 顶，绝缘手套 1 副，脚扣 1 副，安全带 1 副，接地线 1 组，验电器 1 只，传递绳 1 根，接地棒 1 个。

操作程序：

（1）由工作负责人事先办理好停电工作票，工作负责人接到调度"已经停电，可以工作"的许可命令后，当面通知操作人。

（2）操作人检查验电器，在有电线路验电或使用高压发生器核验。

（3）检查接地线各接点是否牢固，对安全带、脚扣进行外观检查。

（4）系好安全带、传递绳，戴上绝缘手套。

（5）上杆前要核对线路名称及杆号是否与工作票中的相符，同时检查电杆是否牢固。

（6）上杆，离地 1m 后，把安全带系在电杆的主杆上，然后再继续上杆。

(7) 上杆至带电体最小安全距离（0.7m）以外，进行验电，对同杆架设的多层电力线路进行验电时，先验低压，后验高压，先验下层，后验上层。

(8) 验明线路无电后，进行接地线装设。

(9) 装设接地线时，应先接接地端，然后用传递绳把接地线提到杆上，接导线端，先装设距离近的一相，然后再依次装设其他两相，接地线连接要可靠，不准缠绕，人体不得碰触接地线。

(10) 若电杆无接地引下线时，可采用临时接地棒，接地棒在地下深度不得小于 0.6m。

(11) 接地线装设完毕，下杆，解下安全带，并向工作负责人汇报。

(12) 工作完毕，工作班人员全部撤离后，工作负责人命令操作人拆除接地线，操作人上杆，系好安全带，拆除接地线。

(13) 拆除接地线与安装接地线顺序相反。

(14) 下杆，解下安全带，并向工作负责人汇报。

(15) 清理现场。

操作安全提示：

(1) 验电要使用合格的相应电压等级的专用验电器。

(2) 装设接地线时，应先接接地端，后接导线端，接地线连接要可靠，不准缠绕，人体不得碰触接地线，拆接地线时的程序与此相反。

(3) 若有感应电压反映在停电线路上时，应加挂接地线。同时，要注意在拆除接地线时，防止感应电压触电。

10. 更换杆上避雷器。

准备工作：

（1）正确穿戴劳动保护用品。

（2）工具材料准备：安全帽 1 顶，脚扣 1 副，安全带 1 副，电工工具 1 套，传递绳 1 根，2500V 兆欧表 1 块，YH5WS-10/30 避雷器 1 只。

操作程序：

（1）检查避雷器外观有无损坏。

（2）核对避雷器额定电压是否与线路电压一致，核对避雷器附件、合格证是否齐全。

（3）用兆欧表测量避雷器绝缘电阻，其数值应在 1000MΩ 以上。

（4）停电，并做好安全措施。

（5）上杆，系好安全带，安全带系在主杆上。

（6）卸下避雷器引线固定螺栓。

（7）卸下避雷器固定螺栓，拆下旧的避雷器。

（8）用传递绳把旧的避雷器传到地面。

（9）用传递绳将新的避雷器提到安装位置。

（10）对正紧固螺栓，相间电气距离大于 350mm。

（11）避雷器应垂直安装，不得倾斜。

（12）连接避雷器引线，引线连接可靠，电气距离符合要求。

（13）解开安全带。

（14）下杆。

（15）清理现场，收拾工具、用具。

操作安全提示：

（1）在杆上工作要系好安全带，安全带系在主杆上。

（2）避雷器要用传递绳进行传递。

（3）避雷器应垂直安装，不得倾斜。

11. 更换 6kV 线路耐张杆悬式绝缘子。

准备工作：

（1）正确穿戴劳动保护用品。

（2）工具材料准备：安全帽 1 顶，脚扣 1 副，安全带 1 副，紧线器 1 个，保护绳 1 根，传递绳 1 根，绝缘杆 1 组，验电器 1 只，接地线 2 组，绝缘手套 1 副，警示牌 1 块，XP-4.5 悬式绝缘子 1 片。

操作程序：

（1）对耐压试验合格的悬式绝缘子外观进行检查，检查有无损坏。

（2）检查工具、用具是否完好。

（3）办理停电工作票。

（4）对线路进行停电，并悬挂"禁止合闸，线路有人工作"的警示牌。

（5）用验电器进行验电。

（6）验明线路确无电压后，装设接地线。

（7）接到许可开始工作命令，开始登杆作业。

（8）登杆前，核对线路名称及杆号，检查杆根，拉线。

（9）登杆过程中系好安全带。

（10）到达杆顶后，调整安全带，把安全带系在横担上部的主杆上。

（11）把紧线器的挂钩一端挂在横担上。

（12）用紧线器的另一端夹紧导线。

（13）紧线使悬式绝缘子松弛。

（14）用保护绳将导线固定。

（15）拆除旧的悬式绝缘子。

（16）用传递绳放下。

（17）将新的悬式绝缘子用传递绳慢慢提到杆上，防止绝缘子碰到电杆。

（18）安装悬式绝缘子，首先将悬式绝缘子一端安装在球头挂环上，上好弹簧销，然后将悬式绝缘子另一端安装在耐张线夹侧的碗头挂板上，上好销子。

（19）将导线松弛，取下紧线器。

（20）将紧线器用传递绳放到地面，解开保护绳。

（21）拆除安全措施。

（22）解开安全带，下杆。

（23）清理现场，收拾工具、用具。

（24）线路恢复送电。

操作安全提示：

（1）登杆前，核对线路名称及杆号，检查杆根，拉线。

（2）操作过程中要系好安全带，安全带要系在电杆的主杆上。

（3）材料和用具用传递绳传递。

12. 更换跌落式熔断器熔断丝。

准备工作：

（1）正确穿戴劳动保护用品。

（2）工具材料准备：安全帽1顶，绝缘手套1副，绝缘靴1双，电工工具1套，验电器1只，绝缘杆1组，指针式万用表1块，1000V兆欧表1块，2500V兆欧表1块，绝缘操作台1个，高压熔断丝若干。

操作程序：

（1）检查试验工具、用具、仪表完好。

（2）戴绝缘手套，穿绝缘靴。

（3）拉开低压刀闸。

（4）拉开跌落式熔断器，站在操作相正前方的操作台上，双手持绝缘杆，两手一前一后，但前手不得超过绝缘杆护手位置，人距离带电部分不小于2.5m，先拉中相，后拉两边相（大风时操作顺序，先拉中相，然后拉下风侧，最后拉上风侧）。

（5）取下熔断管，用绝缘杆挑住熔断管带半轴的一端，平稳地依次取下三个熔断管。

（6）检查跌落相熔断丝熔断的情况，判断熔断的原因是过载还是短路，并顺便观察未熔断相有无异常。

（7）检查处理故障，以熔断丝熔断特征作为线索，找出变压器一、二次侧熔断丝熔断的具体原因和故障点，加以消除。

（8）更换熔断丝，如不属于熔断丝容量选小了的原因，则应更换同容量的熔断丝，将完好熔断丝两端的多股裸铜丝编织的引线分别紧固在熔断管两端的铜件上，两引线中间的熔断丝应位于熔断管中间偏上的地方，熔断丝要绷紧。

（9）安装熔断管，用绝缘杆将三个熔断管分别挂在各相跌落式熔断器下端开口的轴槽中。

（10）合上跌落式熔断器，先合两边相，再合中相（如遇极强的与熔断器排序方位大体一致的风时，也要先合上风相，后合低处相，再合中相）。合好后，要仔细检查鸭嘴舌头能紧紧扣住舌头长度三分之二以上，可用绝缘杆钩住上鸭嘴向下压几下，再轻轻试拉，检查是否合好。

（11）合上低压刀闸。

操作安全提示：

（1）操作时必须戴绝缘手套穿绝缘靴。

（2）必须先拉开低压刀闸，后拉跌落式熔断器。

（3）摘挂跌落熔断管时，必须使用绝缘杆。

（4）熔断丝与引线连接紧密可靠，熔断丝绷紧。

（5）摘挂熔断管的顺序应正确。

13. 用接续条连接导线接头。

准备工作：

（1）正确穿戴劳动保护用品。

（2）工具材料准备：断线钳 1 把，一字形螺丝刀 1 把，砂纸 1 张，乙烯胶带 1 卷，$50mm^2$ 接续条 1 套，LGJ-50 钢芯铝绞线若干。

操作程序：

（1）选择接续条，型号要和所连接的导线型号一致。

（2）将待连接的两个线头用断线钳掐齐，所要连接的导线型号必须相同，绕向要一致。

（3）在两根铝导线端头分别裹一层乙烯胶带，以防止导线端部散开。

（4）用砂纸对导线表面整个安装接续条长度内，进行打磨刷理使其彻底光亮、清洁。

（5）将缠有胶带的导线末端置于一组接续条的中心标识处，用一只手握牢，另一只手将接续条缠绕在导线上。

（6）将另一根导线末端置于中心标识处，使两根导线末端相距大约 1.6mm，用手握牢并将接续条缠绕其上面。

（7）对齐第一组接续条的中心标识，将第二组接续条在中心标识两侧各绕一至两个节距。

（8）按同样方法安装第三组接续条，同时缠绕第二组和第三组接续条，直至各剩两个节距。

（9）装到末端时，为便于安装和防止变形，可将接续条末端分开，把每一股单独缠绕到导线上，并用改锥使其扣紧就位。

（10）连接的导线必须整齐，接续条不得有变形。

（11）清理现场。

操作安全提示：

（1）选择接续条，型号要和所连接的导线型号一致。

（2）所要连接的导线的型号必须相同，绕向要一致。

（3）连接的导线必须整齐，接续条不得有变形。

14. 用叉接法直线连接多股绝缘导线。

准备工作：

（1）正确穿戴劳动保护用品。

（2）工具材料准备：钢丝钳1把，电工刀1把，尖嘴钳1把，绝缘导线若干，砂纸、绝缘胶带若干。

操作程序：

（1）绝缘层，用电工刀角切入，15°角平推剖削导线绝缘层，剖削长度适当，剖削绝缘层时不可伤及线芯。

（2）接头，将接头部分拆开并弄平直，用砂布处理绝缘部分的绝缘层，交叉接头，两端待接部分每隔一股相交插入到底然后拢起来。

（3）导线，用电工钳钳紧，依次用各股线缠绕，每股缠绕时7股导线绕10回，19股导线绕7回，各股端头要压绕在线内，缠绕紧密。

（4）最后一根与前股余线拧两个麻花，再在导线上缠5回剪短，编接头长度为 35～50mm^2 的绕接500mm，长度为 70 ～ 95mm^2 的绕接 700mm，长度为 120mm^2 的绕接 800mm。

（5）绝缘橡皮绝缘导线先用橡胶带缠一层，再用黑胶布缠绕两层，塑料导线可用塑料胶带缠紧三层，缠包要用叠压法，使每圈压叠带宽的半幅，再朝另一侧方向缠绕下一层。

操作安全提示：

（1）使用电工刀时，注意不要划伤手指。

（2）使用钢丝钳时，注意不要夹伤手指。

15. 安装 6kV 跌落式熔断器。

准备工作：

（1）正确穿戴劳动保护用品。

（2）工具材料准备：安全帽 1 顶，脚扣 1 副，安全带 1 副，电工工具 1 套，验电器 1 只，接地线 2 组，绝缘杆 1 组，传递绳 1 根，"禁止合闸，线路有人工作"标示牌 1 块，∟63mm×6mm×730mm 跌落式熔断器横担 3 根，RW—10 跌落式熔断器 1 组，高压熔断丝 10A、15A、20A 若干根。

操作程序（本操作安全措施针对线路停电检修）：

（1）办理停电工作票，得到停电通知后，核对线路名称、杆号。

（2）拉开低压开关并悬挂"禁止合闸，线路有人工作"标示牌。

（3）经验明线路确无电压后，在工作地段两侧各装设 1 组接地线。

（4）对跌落式熔断器横担、跌落式熔断器、高压熔断丝进行外观检查。

（5）检查工具、用具是否齐全完好。

（6）检查电杆杆根是否牢固，杆身是否有裂纹，拉线或撑杆是否完好。

（7）检查脚扣及安全带是否有裂纹或损坏。

（8）登杆。

（9）将熔断器横担用传递绳提到杆上。

（10）安装熔断器横担，熔断器横担安装后，上下、左右倾斜、歪扭离垂直和水平轴线距离不大于20mm。

（11）将熔断器用传递绳提到杆上。

（12）安装熔断器，熔断管轴线与地面的垂线夹角为15°～30°水平相间距离不小于500mm，熔断器安装牢固，排列整齐。

（13）合理选择熔断丝，并安装到熔断管内。

（14）对熔断器上引线进行连接。

（15）将熔断器下引线绑在支持绝缘子上。

（16）将熔断器下引线安装在熔断器接线柱上。

（17）对跌落式熔断器进行开、合试验，并调整。

（18）熔断器安装好后，重新调平横担。

（19）清理现场，收拾工具。

（20）合上低压开关，摘掉"禁止合闸，线路有人工作"标示牌。

（21）拆除接地线，终结工作票。

操作安全提示：

（1）熔断丝要根据负荷进行合理选择。

（2）安装好的跌落式熔断器应在断开的位置。

（3）熔断器上、下引线要接触紧密，与线路导线的连接要可靠，三相引线排列整齐。

（4）杆上用传递绳传递材料，不准碰杆。

16. 安装 10kV 直线杆金具及绝缘子。

准备工作：

（1）正确穿戴劳动保护用品。

（2）工具材料准备：安全帽 1 顶，脚扣 1 副，安全带 1 副，电工工具 1 套，传递绳 1 根，ϕ190mm×L 混凝土电杆 1 根，∟63mm×6mm×1500mm 直线横担 1 套，ϕ190mm 顶铁抱箍 1 副，P—10T 针式绝缘子 3 只，绑线若干，铝包带若干，LGJ—70 钢芯铝绞线若干。

操作程序：

（1）对横担、顶铁抱箍进行外观检查并组装好。

（2）对绝缘子进行外观检查，把直线横担、顶铁抱箍的绝缘子安装好。

（3）检查工具、用具是否齐全完好。

（4）检查脚扣及安全带是否有裂纹或损坏。

（5）检查电杆杆根是否牢固，杆身是否有裂纹，拉线或撑杆是否完好。

（6）登杆，系好安全带。

（7）用传递绳将直线横担提到杆上，在距杆顶 700mm 的位置安装。

（8）用传递绳将顶铁抱箍提到杆上，在距杆顶 150mm 的位置安装。

（9）在导线上缠绕铝包带，铝包带的缠绕长度超出导线与针式绝缘子接触部分两端各 30mm。

（10）将导线放入针式瓷瓶的顶槽内绑扎。

（11）导线绑扎好后，重新调平横担。

（12）下杆。

（13）清理现场，收拾材料和工具。

操作安全提示：

（1）固定处导线缠绕的铝包带应紧密。

（2）导线应安装在针式绝缘子的顶槽内绑法扎牢。

17. 安装 10kV 终端杆金具及绝缘子。

准备工作：

（1）正确穿戴劳动保护用品。

（2）工具材料准备：安全帽 1 顶，安全带 1 副，脚扣 1 副，电工工具 1 套，传递绳 1 根，ϕ190mm×L 混凝土电杆 1 根，∟63mm×6mm×1500mm 双角钢横担 1 套，ϕ190mm 顶铁抱箍 1 副，Z-7 直角挂板 3 个，W-7B 碗头挂板 3 个，Q-7 球头挂环 3 个，NLD-2 耐张线夹 3 个，XP-4.5 悬式绝缘子 6 片，ϕ220mm 拉线抱箍 1 副，GJ-50 钢绞线若干米，NUT-2 耐张线夹 1 个，NX-2 楔形线夹 1 个，P-7 平行挂板 1 个，LP8 拉线盘 1 块，ϕ18mm×2420mm 拉线棒 1 根。

操作程序：

（1）对横担、抱箍进行外观检查并组装好。

（2）对绝缘子进行外观检查，把金具和绝缘子串组装好。

（3）检查工具、用具是否齐全完好。

（4）检查脚扣及安全带是否有裂纹或损坏。

（5）检查电杆杆根是否牢固，杆身是否有裂纹，拉线或撑杆是否完好。

（6）登杆，系好安全带。

（7）用传递绳将双角钢横担提到杆上，在距杆顶 800mm 的位置安装。

（8）用传递绳将抱箍提到杆上，在距杆顶 150mm 的位置安装。

（9）用传递绳分别将绝缘子串提到杆上，分别安装在横担和抱箍上。

（10）重新调整好横担、绝缘子串及耐张线夹。

（11）下杆。

（12）清理现场，收拾材料和工具。

操作安全提示：

（1）用传递绳提横担及绝缘子时，注意不要碰杆。

（2）开口销、卡簧安装要可靠。

18. 安装和制作拉线。

准备工作：

（1）正确穿戴劳动保护用品。

（2）工具材料准备：安全帽 1 顶，安全带 1 副，脚扣 1 副，电工工具 1 套，手锤 1 把，传递绳 1 根，卷尺 1 把，$\phi190mm \times 10000mm$ 混凝土电杆 1 根，$\phi220mm$ 拉线抱箍 1 副，P-7 平行挂板 1 个，NX-2 楔形线夹 1 个，NUT-2 耐张线夹 1 个，GJ-50 钢绞线若干，LP8 拉线盘 1 块，$\phi18mm \times 2420mm$ 拉线棒 1 根。

操作程序：

（1）检查个人工具，对材料进行外观检查。

（2）将平行挂板安装在拉线抱箍上，紧固螺母，并将开口销子插好后开口。

（3）安装楔形线夹，楔形线夹舌板与拉线接触要紧密，受力后无滑动现象，线夹凸肚在线尾侧，安装时不应损伤线股，线夹处露出的线尾长度为 200mm，线尾回头与本线绑扎牢固。

（4）把楔形线夹连接在平行挂板另一侧。

（5）检查电杆杆根是否牢固，杆身是否有裂纹，拉线或撑杆是否完好。

（6）上杆时系好安全带。

（7）将拉线抱箍安装在横担下方 200～300mm 处，安装要牢固。

（8）下杆，安装 UT 线夹前螺纹上应涂润滑剂，线夹舌板与拉线接触要紧密，受力后无滑动现象。线夹凸肚在线尾侧，安装时不应损伤线股，线夹处露出的线尾长度为 300～500mm，线尾回头与本线绑扎牢固，用扳手将 UT 线夹的双螺母拧紧，安装好的 UT 线夹露出的螺纹大于 1/2 螺杆螺纹长度可供调紧，拉线棒与拉线盘要垂直，拉线棒露出地面部分的长度为 500～700mm。

操作安全提示：

（1）登杆前检查杆身有无裂纹及杆基稳固情况。

（2）上杆及在杆上工作时必须使用安全带。

（3）必须有专人监护。

19. 使用紧线器紧线。

准备工作：

（1）正确穿戴劳动保护用品。

（2）工具材料准备：安全帽 1 顶，安全带 1 副，脚扣 1 副，保护绳 1 根，传递绳 1 根，电工工具 1 套，紧线器 1 个，夹线器 1 个。

操作程序：

（1）检查工具、用具是否齐全完好。

（2）检查脚扣及安全带是否有裂纹或损坏。

（3）检查电杆杆根是否牢固，杆身是否有裂纹，拉线或撑杆是否完好。

（4）上杆时应系好安全带，到达工作位置后，调整安全带。

（5）用传递绳将紧线器提到杆上，理顺钢丝绳，不能扭曲。紧线器的定位钩钩在横担上，夹线器钳头夹住需要收紧的导线。

（6）用紧线器将导线逐渐收紧，使悬式绝缘子松弛，用保护绳将导线固定，用紧线器手柄松弛导线。

（7）松紧线器钢丝绳时，应控制紧线器摇柄，使其慢而稳，不能突然放松，将紧线器用传递绳放到地面。

（8）下杆时手脚要协调，不能溜杆。

（9）清理现场。

操作安全提示：

（1）登杆时必须有专人监护。

（2）使用的工具材料要用绳索传递。

（3）现场人员必须戴安全帽。

20. 操作跌落熔断器。

准备工作：

（1）正确穿戴劳动保护用品。

（2）工具材料准备：安全帽 1 顶，绝缘手套 1 副，绝缘靴 1 双，绝缘杆 1 套，护目镜 1 副，柱上变压器台架 1 处。

操作程序：

（1）核对要操作的跌落熔断器的工作地点及井号。

（2）检查变压器低压侧空气开关是否在开位。

（3）检查防护用品是否合格，并穿戴好防护用品。

（4）检查并清洁绝缘杆，旋接绝缘杆至合适的长度。

（5）站立于跌落熔断器正前下方，用绝缘杆的金属勾钩住中间相熔断管的操作环，适度用力拉下熔断管。

（6）拉下中间相熔断管后，再拉背风的边相，最后拉断迎风的边相，拉开操作即告完成。

（7）如需取下熔断管，需将绝缘杆头部的金属钩平行于地面，托住熔管转轴根部，上抬取下熔断管，装上时顺序相反。

（8）用绝缘杆的金属钩钩住跌落式熔断器迎风相熔断管的操作环，将熔断管动触头拉起后缓慢推至鸭嘴 10cm 左右。

（9）停顿后调整姿势，然后将绝缘杆快速直线上顶，将触头推至合位，如触头偏移，可拉开再合。

（10）合完迎风边相，再合背风边相，最后合上中间相。

（11）操作完毕后，检查熔断器触点是否合严（无放电声）。

（12）根据情况确定是否合上低压侧断路器。

（13）整理工具、用具及护具，清理现场。

操作安全提示：

（1）注意与熔断管的距离，取下时可能被砸伤。

（2）绝缘护具破损可能导致触电。

（3）用力过猛可能导致绝缘杆脱节，发生扭伤、摔伤、脱臼。

（4）雷雨天禁止操作。

（5）合上熔断器熔断管前需检查变压器低压断路器在开位，且变压器台架上无影响运行的物品，防止操作时弧光短路。

（6）拉开熔断器熔断管前需检查变压器低压断路器在开位，防止操作时弧光短路。

（7）拉、合熔断管时用力要适度，合好后，要轻轻试拉，检查是否合好。

21. 拉合 GW1 型隔离开关（防盗操作机构）。

准备工作：

（1）正确穿戴劳动保护用品。

（2）工具材料准备：安全帽 1 顶，绝缘手套 1 副，绝缘靴 1 双，绝缘杆 1 套，护目镜 1 副，柱上变压器台架 1 处。

操作程序：

（1）核对要操作的 GW1 型隔离开关的柱上变压器工作地点及编号是否正确。

（2）检查防护用品是否合格，并穿戴好防护用品。

（3）断开该 GW1 隔离开关下侧的变压器低压侧空气断路器。

（4）检查并清洁绝缘杆，旋接绝缘杆至合适的长度。

（5）站立于隔离开关操作机构正下方，用绝缘杆的金属钩钩住分闸操作臂末端的金属环，开始时应慢而谨慎用力拉，当刀片离开固定触头时动作应迅速，特别是切断变压器的空载电流、架空线路及电缆的充电电流、架空线路的小负荷电流以及切断环路电流时，拉闸应迅速果断，以便消弧。

（6）拉开隔离开关使刀片尽量拉到头，听到"咔"一声，说明隔离开关操作机构自锁成功，然后检查隔离开关三相均在断开位置。

（7）开始检修维护工作。

（8）完成工作后，先检查变压器低压侧空气断路器是否在开位。

（9）检查并清洁绝缘杆，旋接绝缘杆至合适的长度。

（10）站立于隔离开关操作机构正下方，用绝缘杆的金属钩钩住自锁杆下端的孔，旋转绝缘杆，听到"咔"的一声，自锁解开。

（11）用绝缘杆的金属钩钩住合闸操作臂末端的金属环，迅速而果断地用力下拉绝缘杆，但在合闸终了时不可用力过猛，以免发生冲击。

（12）隔离开关合闸操作完毕后，检查是否合上，隔离开关动触头应完全进入静触头，并检查接触良好，合闸不到位可拉开重新再合。

（13）根据情况确定是否合上低压侧断路器。

（14）整理工具、用具及护具，清理现场。

操作安全提示：

（1）绝缘护具破损可能导致触电。

（2）拉合的隔离开关不是指定的隔离开关可能导致弧光短路及烫伤。

（3）用力不当可能导致扭伤或脱臼。

（4）雷雨天禁止操作。

（5）操作时需两人进行，一人操作，一人监护。

（6）拉开线路隔离开关前需检查相邻的断路器是否在开位，拉开变压器台隔离开关前需检查变压器低压断路器是否在开位，防止操作时弧光短路。

（7）误拉其他隔离开关，拉开后不许再合上，需汇报等候处理。

22. 拉合 GW9 型隔离开关。

准备工作：

（1）正确穿戴劳动保护用品。

（2）工具材料准备：安全帽 1 顶，绝缘手套 1 副，绝缘靴 1 双，绝缘杆 1 套，护目镜 1 副，GW9 隔离开关型柱上变压器台架 1 处。

操作程序：

（1）核对要操作的 GW9 隔离开关的柱上变压器位置及编号是否正确。

（2）检查变压器低压侧空气断路器是否在开位。

（3）检查防护用品是否合格，并穿戴好防护用品。

（4）检查并清洁绝缘杆，旋接绝缘杆至合适的长度。

（5）站立于隔离开关正前下方，用绝缘杆的金属钩钩住 GW9 隔离开关中间相的操作环，迅速而果断地用力向下拉动触头。

（6）拉开中间相后，再拉开背风的边相，最后拉开迎风的边相。

（7）全部拉开后，检查隔离开关动、静触头之间的距离是否大于 20cm，检查后操作即告完成。

（8）合隔离开关时，用绝缘杆的金属钩勾住 GW9 隔离开关迎风相的操作环，缓慢拉动动触头至静触头 10cm 左右。

（9）停顿后调整姿势，然后将绝缘杆快速直线上推，将动触头推至合闸位置，如动触头偏移，可拉开再合。

（10）合完迎风边相，再合背风边相，最后合上中间相。

（11）操作完毕后，检查是否合上，隔离开关动触头应完全夹住静触头，并检查接触良好，合闸不到位可拉开重新再合。

（12）根据情况确定是否合上低压侧断路器。

（13）整理工具、用具及护具，清理现场。

操作安全提示：

（1）绝缘护具破损可能导致触电。

（2）操作的隔离开关，不是指定的隔离开关，可能导致弧光短路及烫伤。

（3）用力不当可能导致扭伤或脱臼。

（4）雷雨天禁止操作。

（5）操作时需两人进行，一人操作，一人监护。

（6）合上线路隔离开关前需检查相邻的断路器是否在开位，且线路上无接地线，合上变压器台隔离开关前需检查变压器低压断路器是否在开位，且变压器台架上无影响运行的物品，防止操作时弧光短路。

（7）拉开线路隔离开关前需检查相邻的断路器是否在开位，拉开变压器台隔离开关前需检查变压器低压断路器在开位，防止操作时弧光短路。

（8）误拉其他隔离开关，拉开后不许再合上，需汇报等候处理。

（9）误合隔离开关，合上后不许再拉开，需汇报等候处理，有触电情况例外。

23. 拉合真空断路器。

准备工作：

（1）正确穿戴劳动保护用品。

（2）工具材料准备：安全帽1顶，绝缘手套1副，绝缘靴1双，绝缘杆1套，护目镜1副，柱上真空断路器1处。

操作程序：

（1）到达现场接到电调允许停电命令后，复诵命令。

（2）核对要操作的柱上真空断路器的地点及开关编号是否和倒闸票一致。

（3）检查防护用品是否合格，并穿戴好防护用品。

（4）检查并清洁绝缘杆，旋接绝缘杆至合适的长度。

（5）站立于柱上真空断路器正前下方，拉动分闸拉环，箱体内分闸机构动作，并发出声响，分合闸指针指向分位，分闸操作完毕。

（6）分别拉开甲、乙刀闸后，检查在开位后，汇报电力调度。

（7）检修施工完毕后，到达现场接到电调送电命令后，复诵命令。

（8）核对要操作的柱上真空断路器的地点及开关编号是否与倒闸操作票一致。

（9）检查防护用品是否合格，并穿戴好防护用品。

（10）检查并清洁绝缘杆，旋接绝缘杆至合适的长度。

（11）合上甲、乙两侧隔离开关，检查在合位。

（12）拉动真空断路器储能拉杆直至达到限位处，撤下拉力，储能拉杆自动复位，重复数次，直到储能指针指向"已储能"位置，储能操作完毕。

（13）拉动合闸拉环，箱体内发出机构动作的声音，指针从分闸指向合位，合闸操作完毕。

（14）汇报电力调度，整理工具、用具及护具，清理现场。

操作安全提示：

（1）到达现场注意核对开关编号是否与倒闸操作票一致。

（2）绝缘护具破损可能导致触电。

（3）用力过猛可能导致绝缘杆脱节，发生扭伤、摔伤、脱臼。

（4）雷雨天禁止操作。

（5）合上隔离开关前需检查真空断路器是否在开位。

（6）拉动真空断路器储能拉杆要达到限位处。

（7）合上真空断路器后检查指针位置是否在合位。

24. 倒闸操作。

准备工作：

（1）正确穿戴劳动保护用品。

（2）工具材料准备：安全帽1顶，安全带1副，脚扣1副，绝缘杆1组，绝缘手套1副，标志牌若干，记录笔1支，对讲机1台。

操作程序：

（1）到电力调度室办理倒闸操作票，操作人和监护人先后在操作票上分别签名。

（2）由电力调度向倒闸人员交代操作内容，倒闸人员进行复述。

（3）倒闸人员按操作票顺序在线路模拟图上核对相符，核对无误后赶往现场执行操作。

（4）倒闸操作前认真核对停电线路名称、开关编号，是否与操作票任务相符，并在操作票上填写开始操作时间。

（5）倒闸操作按以下操作票顺序逐项进行操作，每操作完一项，做一个"√"号：

① 检查杏8-1西4段8108开关在开位。

② 检查杏8-1西4段8108开关乙刀闸在开位。

③ 检查杏8-1西4段8108开关甲刀闸在开位。

④ 拉开杏8-1西4段8107开关，检查在开位。

⑤ 拉开杏8-1西4段8107开关乙刀闸，检查在开位。

⑥ 拉开杏8-1西4段8107开关甲刀闸，检查在开位。

（6）拉开每个开关甲、乙刀闸（变电所干线侧为甲刀闸，另一侧为乙刀闸，见图64）后，要锁好操作机构，检查刀闸张开角度足够。

（7）在8107、8108甲刀闸操作机构把手上悬挂"禁止合闸，线路有人工作"标志牌。

（8）停电操作完毕后，立即向发令人汇报，汇报时，要说明操作人单位、姓名、所执行的操作任务，并记录操作终结时间。

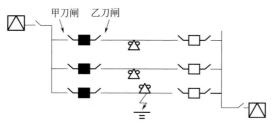

图 64　甲刀闸和乙刀闸

（9）线路施工作业结束后，按发令人的命令恢复线路送电。

（10）送电操作执行"杏 8-1 西 4 段送电倒闸操作票"。

（11）倒闸操作前，认真核对送电线路名称、开关编号，是否与操作票任务相符，并取下标志牌。

（12）按照以下送电操作票顺序，恢复线路送电。同时在操作票上填写开始操作时间，每操作完一项，做一个"√"号：

① 检查杏 8-1 西 4 段线路无送电障碍。

② 合上杏 8-1 西 4 段 8108 开关甲刀闸，检查在合位。

③ 合上杏 8-1 西 4 段 8108 开关乙刀闸，检查在合位。

④ 合上杏 8-1 西 4 段 8108 开关，检查在合位。

（13）送电倒闸操作完毕后，立即报告发令人，记录送电操作终结时间。

（14）倒闸工作终结后将填写好的倒闸操作票交给队上保存。

操作安全提示：

（1）倒闸操作应由两人进行，一人操作，一人监护，认真执行监护复诵制，发布命令和复诵命令都应严肃认真，使用正规操作术语，准确清晰。

（2）线路停电时，先拉开关，后拉刀闸，先拉乙刀闸，后拉甲刀闸。送电时，顺序相反。

（3）操作票应用钢笔或圆珠笔填写，票面应清楚整洁不得任意涂改。

（4）倒闸中发现疑问之处，不准擅自更改操作票，必须向发令人请示，待清楚明白后方可继续进行操作。

（5）雨天操作应使用有防雨罩的绝缘杆，并戴绝缘手套，雷电时，严禁进行倒闸操作。

（6）如发生严重危及人身安全情况时，可不等待指令即行断开电源，事后应立即报告。

（7）登杆进行倒闸操作时，操作人员必须佩戴安全帽，戴绝缘手套，并使用安全带。

25.使用指针式万用表测量电压。

准备工作：

（1）正确穿戴劳动保护用品。

（2）工具材料准备：MF-47型万用表1块，交直流稳压电源1个。

操作程序：

（1）机械调零，接入表笔。

①水平放置万用表。

②机械调零，转动机械调零旋钮，使指针对准刻度盘的0位线。

③红表笔接在标有"+"号的接线柱上，黑表笔接在标有"-"号或"*"号的接线柱上。

（2）选择量程。

①根据被测量参量性质选择合适的挡位，测量电压时可选用"V"区间的挡位。

② 当不知被测电压有多大时，应先将量程挡置于最高挡，然后再向低量程挡转换。测量大电压时，不能在测量时转换量程。

（3）测量。

① 将表笔接入被测元件，接触良好。

② 测量时，不能用手触摸表笔的金属部分，以保证安全和测量的准确性。

③ 测量直流量时，红表笔接正极，黑表笔接负极。

（4）读取数值。

根据表盘读数及挡位关系读取数值。

（5）归挡。

测量完毕将挡位开关调至交流电压最大挡或空挡。

操作安全提示：

（1）测量时，不能用手触摸表笔的金属部分，以保证安全和测量的准确性。

（2）测量直流时，注意表笔的正负极要和被测元件仪器的正负极相一致。

26. 使用钳形电流表测量配电变压器负荷电流。

准备工作：

（1）正确穿戴劳动保护用品。

（2）工具材料准备：钳形电流表 1 块，配电变压器台 1 座。

操作程序：

（1）检查钳形电流表。

（2）选择量程，测量前应预测电流的大小，以确定挡位。

（3）测量前检查导线或电缆的绝缘情况。

（4）若预测不出来电流的大小，应将电流表的量程调到最大挡位。

（5）测量时将钳形电流表的钳口张开，钳入被测导线。

（6）闭合钳口使导线尽量位于钳口中心，钳口应闭合紧密。

（7）为保证测量的准确性，如果读数过小，应将电流表量程由大到小，转到合适挡位。

（8）根据电流表所在量程，待指针稳定后直接读出被测电流值。

（9）调换挡位应在不带电的情况下进行。

（10）测量其他两相电流，和以上操作方法相同。

（11）测量 5A 以下的电流时，应将导线在钳口多绕几圈，测得结果再除以绕的圈数，为实际电流值。

（12）测量后将挡位调到交流电压最大挡或空挡。

（13）清理现场，收拾工具。

操作安全提示：

（1）测量前检查导线或电缆的绝缘情况。

（2）闭合钳口使导线尽量位于钳口中心，钳口应闭合紧密。

（3）调换量程挡位时，应在不带电的情况下进行。

（4）测量后，要把电流表量程调节到交流电压最大量程。

27. 使用 ZC-8 接地摇表测量接地电阻。

准备工作：

（1）正确穿戴劳动保护用品。

（2）工具材料准备：安全帽 1 顶，手锤 1 把，200mm活动扳手 1 把，记录笔 1 支，记录纸 1 张，ZC—8 接地摇表1 块，连接线 5m、20m、40m 每种规格各 1 根，500mm 接地棒 2 根。

操作程序：

（1）对接地摇表进行检查：将 C、P、E 用铜线连接起来，摇动仪表手柄，检查表针应与表盘上的基线重合。

（2）将被测接地体的接地引线断开。

（3）将连接线与接地棒连接起来，并将接地棒垂直打入地下，接地棒插入地面深度不应小于 400mm。

（4）将接地摇表放在接地体附近平整的地方，按以下方法接线（图 65）：

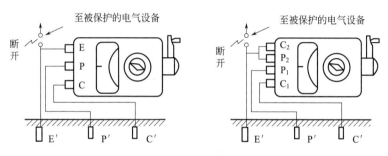

图 65　接地摇表接线图

① 用 5m 长的连接线将接地装置与接地摇表上的接线柱 E 相连。

② 用 40m 长的连接线将接地摇表上的接线柱 C 与距接地装置 40m 处的接地棒相连接。

③ 用 20m 长的连接线将接地摇表上的接线柱 P 与距接地装置 20m 处的接地棒相连接。

（5）根据被测接地体的接地电阻规定范围，先将粗调旋钮调节好。

（6）以 120r/min 的转速均匀摇动接地摇表手柄，当表针偏离中心时，边摇边调节微调拨盘，直到表针居中为止。

（7）以微调拨盘的读数乘调拨盘的定位倍数，其值就是被测接地体的接地电阻，等指针停稳就读数并记录。

（8）拆除各引线并恢复原来接地方式。

（9）清理现场，收拾仪表和工具。

操作安全提示：

（1）设置的辅助接地极应远离水渠、水管、钢轨及其他设施的接地体。

（2）测量前，应仔细检查引线，连接必须紧密牢固。

（3）在测量接地电阻过程中，一切人员不得接触接地棒和接地体。

（4）连接引线应选用多股软铜线。

（5）测量必须在干燥的环境下进行。

28. 使用兆欧表测量避雷器的绝缘电阻。

准备工作：

（1）正确穿戴劳动保护用品。

（2）工具材料准备：安全帽 1 顶，电工工具 1 套，2500V 兆欧表 1 块，测试软裸铜导线若干，YH5WS—10/30 避雷器 1 只。

操作程序：

（1）对兆欧表进行开路、短路试验。

（2）表"E"端接在避雷器接地端的接线柱上，"L"端接在避雷器与电源侧连接的接线柱上，用软裸铜导线在靠近测量部位的上瓷裙处缠绕几圈，并用绝缘导线引接于兆欧表的"G"端上，端钮拧紧，引线不能绞在一起，用擦布将瓷套表面擦净。

（3）水平放置兆欧表，按顺时针方向由慢到快摇动兆欧表手柄，然后以 120r/min 的转速均匀地摇动兆欧表手柄，待表盘上的指针停稳后（1min），记录避雷器的绝缘电阻（不低于1000MΩ），测量后判断质量，对兆欧表及避雷器进行放电，拆下兆欧表的引线。

（4）清理现场，收工具。

操作安全提示：

（1）连接引线应选用多股软铜线。

（2）测量必须在干燥的环境下进行。

（3）测量完毕后注意放电。

29. 使用兆欧表测量 10kV 电缆线路的绝缘电阻。

准备工作：

（1）正确穿戴劳动保护用品。

（2）工具材料准备：安全帽1顶，安全带1副，脚扣1副，电工工具1套，验电器1只，接地线1组，放电棒1只，2500V兆欧表1块，短路线1组，记录笔1支，记录纸1张，电缆1条，软铜线若干。

操作程序（本操作安全措施针对线路停电检修）：

（1）检查工具、用具是否齐全、完好。

（2）办理停电工作票，得到线路停电，变电所做好安全措施后，核对将要测量的线路名称编号。

（3）进行验电，并对电缆进行充分放电后，做好地线。

（4）拆掉电缆两侧电缆头的连接。

（5）测量前，先对兆欧表进行检查，即对兆欧表做开路、短路试验，以确认兆欧表的完好。

（6）正确接线，将兆欧表的接线柱"L"接电缆芯线，"E"接电缆金属外皮，接线柱"G"引线缠绕在电缆的屏蔽纸上，将非被测相的线芯用软铜线短接并接地。

（7）线路接好后，按顺时针方向由慢到快摇动兆欧表手柄，然后以 120r/min 的转速均匀地摇动兆欧表手柄。当调速器发生滑动时，说明发电机达到了额定转速。

（8）保持均匀转速，待表盘上的指针停稳后（1min），指针指示值就是被测电缆的绝缘电阻值（不低于 500MΩ），等指针停稳后读数并记录。

（9）测量完毕拆除引线：

① 先断开 L 端子与接电缆芯线。

② 再停止摇动手柄。

③ 将电缆放电。

④ 拆除各端引线。

⑤ 分别测其他两相。

（10）所测绝缘电阻符合规程要求时，将电缆头按原来的相序重新连接。

（11）清理现场，收好工具。

（12）拆除接地线，终结工作票。

操作安全提示：

（1）测量前，必须切断被测电缆的电源。

（2）电缆相间及对地应充分放电。

（3）接线柱引线应选用绝缘良好的多股软铜线，且不允许缠绕在一起，也不得与地面接触。

（4）测量时，电缆的电容量较大时，应有一定的充电时间。

（5）测量后，应将电缆对地充分放电。

30. 使用兆欧表测量配电变压器的绝缘电阻。

准备工作：

（1）正确穿戴劳动保护用品。

（2）工具材料准备：安全帽 1 顶，安全带 1 副，脚扣

1 副，绝缘杆 1 组，验电器 1 只，绝缘手套 1 副，放电棒 1 只，"禁止合闸，线路有人工作"标示牌 1 块，传递绳 1 根，2500V 兆欧表 1 块，500V 兆欧表 1 块，记录笔 1 支，记录纸 1 张，0～100℃温度计 1 支，裸铜绑线若干，80kV·A 配电变压器 1 台，棉纱若干，汽油若干千克。

操作程序：

（1）办理停电工作票，得到停电通知后，核对线路、杆号、变压器。

（2）先拉开低压侧开关，悬挂"禁止合闸，线路有人工作"标示牌。

（3）用绝缘杆拉开跌落式熔断器。

（4）再拉开高压侧刀闸，悬挂"禁止合闸，线路有人工作"标示牌。

（5）用验电器验电。

（6）用放电棒对变压器进行放电。

（7）测量前先对兆欧表进行检查，对兆欧表做开路、短路试验，以确认兆欧表完好。

（8）将被测变压器的接线全部断开。

（9）测量低压绕组绝缘电阻：

① 短接低压 a、b、c、0 四接线柱。

② 将高压绕组短接并与外壳及地相连。

③ 将 500V 兆欧表 L 端子与低压绕组引线相连，E 端子与变压器高压绕组及外壳相连。

④ 按顺时针方向由慢到快摇动兆欧表手柄，当调速器发生滑动后，以 120r/min 转速摇动兆欧表手柄，等指针停稳后读数并记录。

⑤ 测量完毕拆除引线：

a. 先断开 L 端子与绕组引线。

b. 再停止摇动手柄。

c. 将绕组放电。

d. 拆除各短路线。

（10）测量高压绕组绝缘电阻：

① 短接高压绕组三个接线柱。

② 将低压绕组短接并与变压器外壳及地相连。

③ 将 2500V 兆欧表 L 端子与高压绕组引线相连，E 端子与低压绕组及接地极引线相连。

④ 按顺时针方向由慢到快摇动兆欧表手柄，当调速器发生滑动后，以 120r/min 转速摇动兆欧表手柄，等指针停稳就读数。

⑤ 测量完毕拆除引线：

a. 先断开 L 端子与绕组引线。

b. 再停止摇动手柄。

c. 将绕组放电。

d. 拆除各短路线。

（11）测量高、低压绕组绝缘电阻：

① 短接高压绕组三个接线柱。

② 将低压绕组四个接线柱短接。

③ 将 2500V 兆欧表 L 端子与高压绕组引线相连，E 端子与低压绕组短接线相连。

④ 按顺时针方向由慢到快摇动兆欧表手柄，当调速器发生滑动后，以 120r/min 转速摇动兆欧表手柄，等指针停稳后读数。

⑤ 测量完毕拆除引线：

a. 先断开 L 端子与绕组引线。

b. 再停止摇动手柄。

c. 将绕组放电。

d. 拆除各短路线，并恢复原来的接线方式。

（12）分析判断配电变压器的好坏。

（13）工作结束后，用绝缘杆合上跌落式熔断器。

（14）再合上高压刀闸，摘下"禁止合闸，线路有人工作"标示牌。

（15）最后合上配电变压器的低压开关，取下"禁止合闸，线路有人工作"标示牌。

（16）清理现场，收拾仪表和工具。

操作安全提示：

（1）兆欧表做开路试验时指针指示为∞，短路试验时指针指示为 0，说明兆欧表完好，否则更换兆欧表。

（2）接线柱引线应选用绝缘良好的多股软铜线，且不允许缠绕在一起，也不得与地面接触。

（3）测量时，兆欧表必须达到额定转速。

（4）绝缘电阻测量后，应测量变压器温度并记录以便进行温度换算。

31. 使用测高仪测量导线的交叉、跨越的距离。

准备工作：

（1）正确穿戴劳动保护用品。

（2）工具材料准备：测高仪 1 个，被测线路 2 条。

操作程序：

（1）不可选择障碍物密集的测试场地。超声波波束测量角度 15°，如果站在线下偏离一定距离，显示屏会出现"。。。。。。。。"，此时应左右移动一下，调整好位置再测。

（2）WIRE/WALL 键：设定 WIRE 键位置时，用于测量离地导线的距离。I/M 键：转换键，拨到上挡 M，显示值为公制 m。

（3）操作人员平行站在待测线路下方，按下电源 ON 键打开电源，显示屏右上角读数为大气温度，等该温度稳定后，即可开始测量。

（4）将 WIRE/WALL 键设定在 WIRE 位置，此时显示屏左上角显示 1W，操作人员一手握稳测高仪，另一手按住＋键，显示屏即显示出 WIRE 模式离地最低六根导线的距离与测高仪之间的垂直距离。

（5）轻轻左右摇晃测高仪，可以获得稳定读数，重复按 W 键，显示屏就分别给出 W2、W3、W4、W5、W6 相对于 W1、W2、W3、W4、W5 的读数，即线间距离。

（6）在 1～35℃ 范围内，温度补偿完全自动，测量值是正确的，实际测温低于 0℃，每降低 5℃，从测量值去掉 1％ 的读数，实际测量值超出 35℃，每增加 5℃，给测量值增加 1％ 的读数。

操作安全提示：

（1）不能在雨天进行测量。

（2）测量线路与公路路面距离时，注意来往车辆。

32. 使用数字式万用表低压核相（220～380V）。

准备工作：

（1）正确穿戴劳动保护用品。

（2）工具材料准备：安全帽 1 顶，电工工具 1 套，绝缘手套 1 双，绝缘靴 1 双，数字式万用表 1 块，记录笔 1 支，记录纸 1 张。

操作程序（低压母联开关两侧）：

（1）选用电压等级相符的数字式万用表，选好电压挡位及量程，电压挡应选大于被测处的线电压。

（2）确认安全措施齐全、可靠后，将电压送至最合适的测量位置，断开开关（刀闸）两侧，如果没有母线则将电压送至便于测量的设备上，如变压器、电缆、导线端子上。

（3）如果某一电源的相序已知，则以它为基准，用表笔固定此电源的某一相，另一个表笔依次与另一电源的三相进行测量，数值相差比较小或为零则为同相，数值相差较大则为异相，监护人注意操作人的安全距离，记录人做好记录，画好相序图。

（4）为确保无误，应重复工作至少一次。

（5）如果相序不符，则就依据实测相序图进行相序调整工作。

（6）相序调整工作后，必须重新核相，直到相位正确（图 66）。

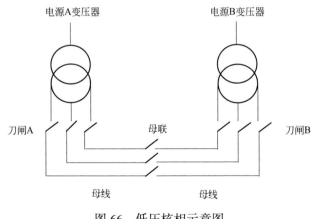

图 66　低压核相示意图

操作安全提示：

测量过程中注意与带电体保持距离，并要防止测量过程中相间短路。

33. 高压（6～10kV）核相。

准备工作：

（1）正确穿戴劳动保护用品。

（2）工具材料准备：安全帽2顶，脚扣2套，安全带2套，绝缘手套2双，绝缘靴2双，绝缘杆2套，绝缘线2套，电工工具2套，验电器1只，高压无线核相器1块，记录纸1张，记录笔1支。

操作程序：

（1）必须遵守并履行有关组织措施和技术措施。

（2）确定安全措施完备、齐全、可靠后，将电送到最方便核相工作并断开的设备或地点进行（隔离开关、断路器、T接杆）。

（3）如果某一侧电源的相序确定了，则根据它进行测量，工作负责人、监护人必须时刻注意操作者的动作，操作者之间配合要协调，必须戴绝缘手套、穿绝缘靴、佩戴安全帽，杆上操作人员选择合适位置系好安全带，杆下人员将高压无线核相器准备好：

① 先将发射器 X 和 Y 分别挂到同一高压线路上，主机显示屏应显示 X、Y 同相。

② 在高压线核相时应分别将发射器 X 和 Y 按以下方法排列进行核相：AA′同相0°左右，AB′不同相120°左右，BB′同相0°左右，BC′不同相120°左右，CC′同相0°左右。

③ 如果要得到精确数值，应将其中一发射器放到高压

线一采集点上不动，再将另一发射器围绕高压线另一采集点前后左右移动，以找出最精确的相位角度。

④ 测相序：假设某条线为 A 相，将 X 放在 A 相上，Y 放在另一相上，如显示 120°则说明是顺相序，该相应为"B"，如显示 240°则是逆相序，该相应为"C"。

（4）为确保无误或排除表计等其他因素的影响，应将第（3）项工作重复一次。

（5）根据测量结果，结合所绘相位图，必须对不正确的相序进行调整。

（6）相序调整工作后，必须重新核相，直到相位正确（图 67）。

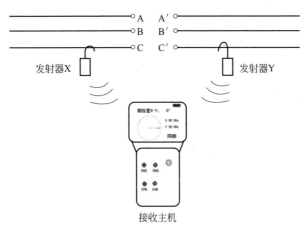

图 67　高压核相示意图

操作安全提示：

（1）必须按安全操作规程规定进行操作。

（2）测量过程中，注意人体与带电部位保持足够的安全距离。

34. 检修配电变压器。

准备工作：

（1）正确穿戴劳动保护用品。

（2）工具材料准备：安全帽 1 顶，安全带 1 副，脚扣 1 副，绝缘杆 1 组，传递绳 1 根，250mm 活动扳手 1 把，验电器 1 只，"禁止合闸，线路有人工作"标示牌 2 块，接地线 2 组，细砂布 1 张，导电复合脂少许，棉纱少许。

操作程序（针对线路停电单一电源变压器的检修）：

（1）了解需检修的变压器所在位置、数量、额定容量、存在缺陷等详细情况。

（2）办理停电工作票，得到停电通知后，核对线路、杆号、变压器。

（3）用验电器验电，明确无电压后，在工作地段两侧各装设 1 组接地线。

（4）在两侧开关的刀闸操作手柄上各悬挂"禁止合闸，线路有人工作"标示牌一块。

（5）检修配电变压器时，先检查油标位置、油色，配电变压器油标不在规定位置，应补充变压器油，油色不正常要更换变压器油。

（6）如变压器有干燥剂，要检查吸湿器的干燥剂颜色，当吸湿器的干燥剂变色时，应更换干燥剂。

（7）检查高、低压瓷套管有无裂纹、伤痕、渗油现象，如高、低压瓷套管有裂纹、伤痕现象应更换，有渗油现象应紧固瓷套管。

（8）卸下设备线夹，检查设备线夹有无烧痕，如设备线夹有烧痕，用细砂布打磨其导电接触部位，并涂上一层导电复合脂。

（9）检查变压器箱盖螺栓紧固情况，检查橡胶垫处有无损坏，如螺栓不紧固，橡胶垫处有渗油、漏油时，均匀紧固箱盖螺栓。

（10）检查散热片有无渗油、漏油现象，如散热片有渗油、漏油现象，要擦拭干净油污。

（11）检查变压器接地线连接是否良好，如接地极、接地线有锈蚀、断股、松动现象，应及时处理。

（12）工作结束后，收拾工具，清理现场。

（13）拆除线路两侧接地线，取下"禁止合闸，线路有人工作"标示牌。

（14）汇报电调，终结工作票。

操作安全提示：

（1）必须做好安全措施后，方可进行检修工作。

（2）如有不能处理的缺陷要及时上报。

35. 调整配电变压器分接开关。

准备工作：

（1）正确穿戴劳动保护用品。

（2）工具材料准备：安全帽1顶，绝缘手套1副，绝缘靴1双，绝缘杆1套，护目镜1副，电工工具1套，安全带1副，脚扣1副，接地线1组，指针式万用表1块。

操作程序：

（1）检查并适时使用安全用具护具，测量变压器二次电压并与额定电压做比较，记录差值。

（2）断开变压器低压侧空气断路器，拉开变压器跌落熔断器，验明变压器确无电压，在变压器高压接线柱上安装接地线。

（3）登上变压器检修台，系上安全带。

（4）打开变压器分接开关盖，检查变压器分接开关所在挡位，并确定是否还有调整余地，无调整余地时申请更换变压器。

（5）有调整余地时根据测量结果适当调整分接开关的位置：如电压过高则将分接开关降低一挡（对应一次绕组额定电压升高），如电压过低则将分接开关升高一挡（对应一次绕组额定电压降低）。

（6）装上变压器分接开关盖，确认无遗漏工具用具，下变压器检修台。

（7）拆除接地线，合上跌落熔断器。

（8）测量变压器二次电压是否正常，不正常则重复步骤（2）～（8）。

（9）合上低压空气断路器，恢复供电。

操作安全提示：

（1）保持与熔断管的安全距离，防止取下时掉落被砸伤。

（2）绝缘护具破损可能导致触电。

（3）用力过猛可能导致绝缘杆脱节，发生扭伤、摔伤、脱臼。

（4）高处作业需防止高空坠落或落物伤人。

（5）调整变压器分接开关进入挡位时看要准挡位标线，防止偏差出现接触不良。

（6）操作时应两人进行，一人操作，一人监护。

36. 油井变压器补油。

准备工作：

（1）正确穿戴劳动保护用品。

（2）工具材料准备：安全帽1顶，脚扣1副，安全带1

副，传递绳 1 根，接地线 1 组，绝缘手套 1 副，绝缘靴 1 双，验电器 1 只，绝缘杆 1 套，护目镜 1 副，电工工具 1 套，变压器油 1 桶，漏斗 1 个。

操作程序：

（1）检查并适时使用安全用具、护具。

（2）断开变压器低压侧空气断路器，拉开变压器跌落熔断器，验明变压器高低压接线柱均确无电压，在变压器高压接线柱上安装接地线。

（3）登上变压器检修台，系上安全带，清洁变压器器身，检查变压器器身的漏点，适当紧固变压器漏点周边螺栓。

（4）打开变压器储油柜补油孔螺栓，装上漏斗。

（5）用传递绳提起变压器油桶至合适位置补加变压器油，动作要慢，防止洒落变压器油，补油量不得过多或不足，油标油位应与环境温度相对应。

（6）放下油桶，摘下漏斗，装上储油柜补油孔螺栓。

（7）检查变压器器身有无新漏点，并确认无遗漏工具、用具。

（8）登下变压器操作台，拆除接地线。

（9）先合上跌落熔断器，再合上低压空气断路器。

操作安全提示：

（1）注意与熔断管的安全距离，取下时可能被砸伤。

（2）绝缘护具破损可能导致触电。

（3）用力过猛可能导致绝缘杆脱节，使操作者发生扭伤、摔伤、脱臼。

（4）高处作业需防止高空坠落或落物伤人。

（5）即将补入的变压器油应为合格的变压器油，标号适合当地气温要求。

（6）阴雨天不可给变压器补油，防止雨水进入变压器内部。

（7）禁止从变压器下部补油，以防止变压器底部的沉淀物冲入线圈内从而影响绝缘和散热。

（8）操作时应两人进行，一人操作，一人监护。

37. 查找线路接地故障的常用方法和步骤。

准备工作：

（1）正确穿戴劳动保护用品。

（2）工具材料准备：安全帽1顶，绝缘手套1副，绝缘靴1双，绝缘杆1套，验电器1只，护目镜1副，电工工具1套，脚扣1副，安全带1副，绳索1条，接地线2组。

操作程序：

（1）首先与电力调度取得联系，了解是哪座变电所供电、带有几条线路，了解出口开关编号、线路名称、所带线路（分支）的开关编号。

例如：杏南六5617接地。如图68所示的线路图，与电力调度联系得知1113、1123、1133开关都在合位，而1114、1124、1134开关都在开位。

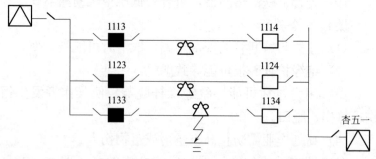

图68　杏南六5617接地线路图

（2）首先到杏南六出口查找，出口没有找到，沿着联络线，往下查找。

（3）走到 1113 开关后，向电力调度请示，要求拉开 1113 油开关及刀闸，拉开后与电力调度联系，问：接地解除没有？电力调度回话：接地没有解除。这时把拉开的 1113 刀闸及油开关合上恢复送电，再沿着联络线路往下走，继续查找。

（4）来到 1123 开关，同样向电力调度申请把 1123 开关拉开，得到电力调度许可命令后，把 1123 油开关及甲刀闸拉开，并向电力调度汇报，问接地解除了没有？电力调度回话是：接地还没有解除，把 1123 油开关及甲刀闸合上。合上 1123 开关后继续沿着线路往下走。

（5）走到 1133 开关后，同样要求拉开 1133 油开关及甲刀闸，并与电力调度联系，问接地解除没有？这时电力调度回话说：接地消失了，这说明 1133 所带的这条线路接地。

（6）合上 1133 油开关及甲刀闸，沿着这条线路查找，走到如图 67 所示的变台后，发现引线烧断，落在横担上，这时向电力调度汇报。

（7）得到电力调度许可停电、处理故障的命令后，拉开 1133 开关及甲乙刀闸，再检查 1134 开关及甲乙刀闸在开位，回到变台故障点，验电，确无电压后在邻近左右两基杆各打一组接地线后，方可上杆处理故障点。

操作安全提示：

（1）查找接地点，应穿绝缘靴。

（2）操作开关和挂接地线应戴绝缘手套。

（3）查找故障时，禁止直接用手触摸接地线和拉线。

（4）停电后，必须验电、挂接地线方可登杆工作。

（5）查找故障必须两人以上一起进行。

（6）处理事故可以不办工作票，但应办理事故抢修单。

38. 用接地测试仪查找线路接地故障。

准备工作：

（1）正确穿戴劳动保护用品。

（2）工具材料准备：安全帽 1 顶，绝缘手套 1 副，绝缘靴 1 双，绝缘杆 1 组，验电器 1 只，护目镜 1 副，电工工具 1 套，脚扣 1 副，安全带 1 副，传递绳 1 根，接地线 2 组，接地故障测试仪 1 个。

操作程序（接地相电压为零）：

（1）明确任务后，到达现场与电力调度联系，打开变电所小电流接地系统。

（2）打开接地测试仪，沿着故障线路，按住测试仪按钮，按照指针指示，从故障线路的变电所出口开始，沿着线路（与线路距离保持在 8m 以外）进行巡视查找。

（3）当遇到线路分支时，可向分支方向查找，如果向分支查找 3～10m 时，指针没有指示，这说明分支没有故障点，则返回，沿着原线路方向继续查找。以下操作方法相同，当指针无指示了，而线路又无分支，则人所处的位置的后基一杆（附近）就是故障点。

（4）为保证测试的准确避免干扰，测试时要远离电台和车辆，测试时接地测试仪始终保持和线路垂直。

（5）为提高故障查找速度，可根据线路运行状况和缺陷情况，首先在线路某处进行测试，如果指针无指示，可向线路来电侧查找，如果指针有指示，则向线路受电侧查找。

（6）一般查找接地故障，时间不得超过 2h。

（7）查找故障时，要远离线路 8m 以外，禁止直接用手触摸接地线和拉线，夜间巡视应沿着线路外侧进行，大风巡线应在上风侧进行，发现导线断落地面或悬吊在空中，应设法防止行人靠近断线点 8m 以内。

（8）向电力调度汇报，联系停电，线路停电后，验电，无电压后，在故障点附近左和右两基杆各打一组接地线后方可上杆工作。

操作安全提示：

（1）查找接地点，应穿绝缘靴。

（2）操作开关和挂接地线应戴绝缘手套。

（3）查找故障时，禁止直接用手触摸接地线和拉线。

（4）停电后，必须验电、挂接地线方可登杆工作。

（5）雷雨天气禁止使用接地故障测试仪。

（6）查找故障必须两人以上一起进行。

（7）处理事故可以不办工作票，但应办理事故抢修单。

39. 设计架空配电线路的路径。

准备工作：

（1）正确穿戴劳动保护用品。

（2）工具材料准备：绘图铅笔 1 支，三角板 1 个，直尺 1 把，橡皮 1 块，计算器 1 个，圆规 1 个，量角器 1 个。

操作程序：

（1）能够清楚识别地图中所标明的各个参数和图标。

（2）架空电力线路路径的选择：应认真进行调查研究，综合考虑运行、施工、交通和路径长度等因素，统筹兼顾，全面安排，进行方案比较，做到经济合理。

（3）市区架空电力线路的路径，应与城市总体规划相结合。

（4）线路路径走廊位置，应与各种管线和其他市政设施统一安排。

（5）架空电力线路路径的选择应减少与其他设施的交叉。

（6）当与其他架空线路交叉时，其交叉点不应选择被跨线路的杆塔顶上。

（7）架空电力线路跨越弱电线路的交叉角，应符合相关要求。

（8）3kV 及以下架空线路，不应跨越储存易燃、易爆的仓库区域，间距应符合《建筑设计防火规范》（GB 50016—2014）的规定，不宜跨越房屋。

（9）应避开洼地、冲刷地带、不良地质地区、原始森林以及影响线路安全运行的其他地区。

（10）架空电力线路通过林区，应砍伐出通道，且通道符合相关规定，架空电力线路通过果林、经济作物以及城市绿化灌木林时，不宜砍伐通道。

（11）耐张段的长度：10kV 线路耐张段长度不宜大于 2km。

（12）新建线路距已建油井、水井、土油池不小于 25m，距规划井不小于 40m。

（13）图纸中应使用正确的图例和符号，图纸应清洁、清楚。

（14）在规定时间内完成。

40.设计架空配电线路电杆的埋设位置。

准备工作：

（1）正确穿戴劳动保护用品。

（2）工具材料准备：绘图铅笔 1 支，三角板 1 个，直尺 1 把，橡皮 1 块，计算器 1 个，圆规 1 个，量角器 1 个。

操作程序：

（1）能够清楚识别地形图中所标明的各个参数和图标。

（2）10kV 及以下架空电力线路的档距：市区 40 ～ 50m，郊区 50 ～ 100m（油田设计院，档距设计控制在 50 ～ 55m，最大不超过 60m）。

（3）杆塔位置不应设置在可能发生滑坡或山洪处，不应设置在容易被车辆碰撞的地点，不应设置在可能变为河道的不稳定河流变迁地区。

（4）杆塔位置不应设置局部不良地质地点，不应设置在地下管线的井口附近和影响安全运行的地点。

（5）线路中较长的耐张段，每 10 基应设置 1 基加强杆。

（6）线路的电杆应符合对地及对被跨物的距离要求。

（7）图纸中应使用正确的图例和符号，图纸应清洁、清楚。

（8）清理现场。

41. 编制线路施工方案。

准备工作：

（1）正确穿戴劳动保护用品。

（2）工具材料准备：记录笔 1 支，记录纸若干张。

操作程序：

（1）编制依据：本方案适用范围，明确工日、工期。

（2）成立组织机构，确定机构负责人，明确各级机构、负责人的职权和职责、本项目的主要工作量、工作分工。

（3）依据项目要求选择合理的施工方案、施工的质量标准、主要施工工器具的规格型号，校核主要施工机器的强度。

（4）设备、材料运输的安全要求。

（5）停、送电联系程序。

（6）现场安全技术措施的落实。

（7）工器具检查和试验要求。

（8）登高作业的安全注意事项。

（9）大型操作项目的指挥、信号及工作人员的相互配合。

（10）更换设备的安全注意事项，出现异常情况时的处理程序。

（11）根据《电气装置安装工程 66kV 及以下架空电力线路施工及验收规范》（GB 50173—2014）的规定，在验收时应按下列要求进行检查，采用器材的型号、规格、线路设备标志应齐全，电杆组立的各项误差，拉线的制作与安装，导线的弧垂、相间距离、对地距离、交叉跨越距离及跟建筑物接近的距离，电气设备外观应完整无缺损，相位正确，接地装置符合要求，沿线的障碍物、应砍伐的树及树枝等杂物应清除完毕。

（12）清理现场，收拾用具。

42. 检查、使用绝缘手套。

准备工作：

（1）正确穿戴劳动保护用品。

（2）工用具、材料准备：绝缘手套 1 副。

操作程序：

（1）使用前检查绝缘手套是否清洁，是否在检验合格期内。

（2）将手套从口部向上卷，稍用力将空气压至手掌及指头部分检查上述部位有无漏气，如有则不能使用。

（3）检查合格后即可戴绝缘手套进行操作，使用时注意防止尖锐物体刺破绝缘手套。

操作安全提示：

（1）使用经检验合格的绝缘手套（每半年检验一次）。

（2）使用后注意存放在干燥处，并不得接触油类及腐蚀性药品等。

（3）低压绝缘手套作为基本安全用具，可直接接触低压带电体；而高压绝缘手套只能作为辅助安全用具，不能直接接触高压带电体。

（4）绝缘手套使用后应存放在密闭的橱柜内，并与其他工具、仪表分别存放。

（5）使用不合格的绝缘手套可能导致触电。

（6）使用受潮、沾水的绝缘手套可能导致触电。

43. 检查、使用绝缘靴。

准备工作：

（1）正确穿戴劳动保护用品。

（2）工用具、材料准备：绝缘靴1双。

操作程序：

（1）使用前检查绝缘靴是否清洁，是否在检验合格期内。

（2）将绝缘靴从口部向下卷，稍用力将空气压至靴底检查有无漏气，如有则不能使用。

（3）检查合格即可穿上绝缘靴进行操作，使用时注意防止尖锐物体刺破绝缘靴。

操作安全提示：

（1）绝缘靴在高压系统中只能作为辅助安全用具，不能直接接触高压带电体。

（2）绝缘靴应放在橱柜内，不准代替雨鞋使用，只限于在操作现场使用。

(3) 绝缘靴试验周期为 6 个月。

(4) 使用不合格的绝缘靴可能导致触电。

(5) 使用受潮、沾水的绝缘靴可能导致触电。

44.使用数字兆欧表测量变压器绝缘电阻。

准备工作：

(1) 正确穿戴劳动保护用品。

(2) 工具材料准备：安全帽 1 顶，安全带 1 副，脚扣 1 副，绝缘杆 1 组，验电器 1 只，绝缘手套 1 副，放电棒 1 只，"禁止合闸，线路有人工作"标示牌 1 块，传递绳 1 根，2500V、500V 数字兆欧表各 1 块，记录笔 1 支，记录纸 1 张，0～100℃温度计 1 支，裸铜绑线若干，80kV·A 配电变压器 1 台，棉纱若干，汽油若干。

操作程序：

(1) 办理停电工作票，得到停电通知后，核对线路、杆号、变压器。

(2) 先拉开低压侧开关，悬挂"禁止合闸，线路有人工作"标示牌。

(3) 用绝缘杆拉开跌落式熔断器。

(4) 再拉开高压侧刀闸，悬挂"禁止合闸，线路有人工作"标示牌。

(5) 用验电器验电。

(6) 用放电棒对变压器进行放电。

(7) 测量前先对数字兆欧表进行检查，以确认数字兆欧表的完好。

(8) 将被测变压器的接线全部断开。

(9) 测量低压绕组绝缘电阻：

① 短接低压 a、b、c、0 四接线柱。

② 将高压绕组短接并与外壳及地相连。

③ 将数字兆欧表挡位调至 1000V 挡位，L 端子与低压绕组引线相连，E 端子与变压器外壳相连。

④ 按下测量按钮测量，数字停稳后读数并记录。

⑤ 测量完毕松开测量按钮，拆除测量引线及短接线，并对绕组放电。

（10）测量高压绕组绝缘电阻：

① 短接高压 A、B、C 绕组三个接线柱。

② 将低压绕组短接并与变压器外壳及地相连。

③ 将数字兆欧表挡位调至 2500V 挡位，L 端子与高压绕组引线相连，E 端子与接地极引线相连。

④ 按下测量按钮测量，数字停稳后读数并记录。

⑤ 测量完毕松开测量按钮，拆除测量引线及短接线，并对绕组放电。

（11）测量高、低压相间绕组绝缘电阻：

① 短接高压 A、B、C 绕组三个接线柱。

② 将低压 a、b、c、0 绕组短接。

③ 将数字兆欧表挡位调至 2500V 挡位，L 端子与高压绕组引线相连，E 端子与低压绕组相连。

④ 按下测量按钮测量，数字停稳后读数并记录。

⑤ 测量完毕松开测量按钮，对绕组放电、拆除各短接线，并恢复原来接线方式。

（12）分析判断配电变压器的好坏。

（13）工作结束后，用绝缘杆合上跌落式熔断器。

（14）再合上高压刀闸，摘下"禁止合闸，线路有人工作"标示牌。

（15）最后，合上配电变压器的低压开关，取下"禁止合闸，线路有人工作"标示牌。

（16）清理现场，收拾仪表和工具。

操作安全提示：

（1）数字兆欧表使用前应检查确认电池电量充足，否则更换兆欧表电池。

（2）接线柱引线应选用绝缘良好的多股软铜线，且不允许缠绕在一起，也不得与地面接触。

（3）测量时，注意不要接触兆欧表表笔金属部分，防止触电。

（4）绝缘电阻测量后，应测量变压器温度并记录以便进行温度换算。

45. 使用 QJ23 单臂直流电桥测量变压器高压绕组直流电阻。

准备工作：

（1）正确穿戴劳动保护用品。

（2）工用具、材料准备：QJ23 单臂直流电桥 1 块，连接线若干，变压器 1 台，常用电工工具 1 套。

操作程序：

（1）断开电源开关，开关的操作把手上挂"禁止合闸，有人工作！"标示牌。

（2）拆除电源线，清洁接线端子。

（3）将电桥放置于平整位置，检查检流计连片是否在内接的位置并短接好，调整 QJ23 单臂直流电桥指零仪指针指零位。

（4）将 A、B 相两个接线端子分别连接到电桥电阻测试的两个接线端钮。

（5）根据设备估算电阻值，调节量程倍度变换器，选择适当的量程倍率。

（6）按下电源按钮 B，随后按检流计按钮 G，看指零仪偏转方向，如果指针指向"＋"方向偏转，表示测试电阻值大于估算值，即增加测量盘示值，使指零仪趋向于零位。如果指零仪仍偏向于"＋"边，则可增加量程倍率，再调节测量盘使指零仪趋向于零位，若指针向"－"方向偏转，表示测试电阻小于估算值，即减小测量盘示值使指零仪趋向于零位。

（7）当指零仪指零位时，电桥平衡。

（8）断开 G 和 B 按键，重复步骤（4）～（8），测量其他两绕组直流电阻，不平衡度应小于 ±2%。

（9）拆除测量线，原样恢复电源线，恢复现场。

操作安全提示：

（1）仪器初次使用或相隔一定时期再使用时，应将各旋钮开头盘转动数次，磨掉触点氧化层。

（2）仪器若在长期使用中，发现灵敏度不能满足要求时，应考虑更换电池。

（3）在测量感抗负载的电阻（如电动机、变压器等）时，必须先接电源按钮，然后按检流计按钮，断开时，先放开检流计按钮，再放开电源按钮。

（4）电桥使用方法不正确可能导致电桥损坏。

（5）误测或直接测量运行变压器可能导致触电或短路。

46. 使用 QJ44 双臂直流电桥测量变压器低压绕组直流电阻。

准备工作：

（1）正确穿戴劳动保护用品。

（2）工用具、材料准备：QJ44 双臂直流电桥 1 块，连接线若干，变压器 1 台，常用电工工具 1 套。

操作程序：

（1）断开变压器电源开关，开关的操作把手上挂"禁止合闸，有人工作！"标示牌。

（2）拆除电源线，清洁接线端子。

（3）将电桥放置于平整位置，接通电桥电源开关"B_1"，待放大器稳定后检查检流计指针是否指零位，如不在零位，调节调零旋钮，使检流计指针指示零位。

（4）逆时针旋动灵敏度旋钮，应放在最低位置。

（5）将 A、B 相两个接线端子，如图 69 所示，按四端连接法，接在电桥相应的 C_1、P_1、P_2、C_2 的接线柱上。

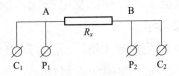

图 69　四端连接法

（6）估计被测电阻值大小，将倍率开关和电阻读数步进开关放置在适当位置。

（7）先按下电池按钮"B"，对被测电阻 R_x 进行充电，待一定时间后，估计充电电流逐渐趋于稳定，再按下检流计按钮"G"，根据检流计指针偏转的方向，逐渐增加或减小步进读数开关的电阻数值，使检流计指针指向"零位"，并逐渐调节灵敏度旋钮，使灵敏度达到最大，同时调节电阻滑线盘，使检流计指针指零。

（8）在灵敏度达到最大，检流计指针指示"零"位，稳定不变的情况下，读取步进开关和滑线盘两个电子读数并相加，再乘上倍率开关的倍率读数，即为被测电阻阻值。

（9）先断开检流计按钮"G"，再断开电池按钮开关"B"，最后拉开电桥电源开关"B_1"。

（10）重复步骤（4）～（9），测量其他两绕组直流电阻，不平衡度应小于 ±2％。

（11）拆除测量线，原样恢复电源线，恢复现场。

操作安全提示：

（1）在改变灵敏度时，会引起检流计指针偏离零位，在测量之前，随时都可以调节检流计零位。

（2）当移动滑线盘4小格，检流计指针偏离零位约1格，灵敏度就能满足测量要求。

（3）为了测量准确，采用双臂电桥测试小电阻时，所使用的四根连接引线一般采用较粗、较短的多股软铜绝缘线，其阻值一般不大于 0.01Ω。如果导线太细、太长，电阻太大，则导线上会存在电压降，而电桥测试时使用的电池电压就不高，如果引线上存在的压降过大，会影响测试时的灵敏度，影响测试结果的准确性。

（4）电流接线端子 C_1、C_2 的引线应接在被测绕组的外侧，而电位接线端子 P_1、P_2 的引线应接在被测绕组的内侧，可以避免将 C_1、C_2 的引线与被测绕组连接处的接触电阻测量在内。

（5）电桥使用方法不正确可能导致电桥损坏。

（6）误测或直接测量运行变压器可能导致触电或短路。

47. 检查防雷装置。

准备工作：

（1）正确穿戴劳动保护用品。

（2）工用具、材料准备：300mm 活动扳手 1 把，绝缘手套 1 副。

操作程序：

（1）沿着既定的设备检查路径查看避雷器瓷套管或绝缘子有无裂纹或损坏，表面是否脏污，各金属部分是否牢固，有无腐蚀、锈蚀等，如有上述情况需停电处理，查看过程中需与带电体保持安全距离。

（2）连接处有无接触不良，引下线各部分连接是否良好，有无烧损或闪络痕迹，避雷针、房屋接地引下线上的螺栓可用活动扳手检查紧固。

（3）检查接地极（网）周围的土壤沉陷情况等，根据情况加补填土。

操作安全提示：

（1）雷雨天气检查可能发生雷击伤害。

（2）雨雪天气检查可能发生摔伤。

（3）邻近带电设备、抽油机等，不规范的操作可能导致触电或机械伤害。

（4）运行电气设备的接地体检查需与带电体保持安全距离，不许带电紧固螺栓。

（5）抽油机等活动设备接地体检查需停机刹车牢固后进行。

（6）必须两人同时进行，一人检查，另一人监护。

48. 变压器小修。

准备工作：

（1）正确穿戴劳动保护用品。

（2）工用具、材料准备：绝缘手套 1 副，绝缘靴 1 双，绝缘棒 1 套，护目镜 1 副，常用电工工具 1 套，变压器油 1 桶，脚扣 1 副，安全带 1 副，绳索 1 条，接地线 1 组，漏斗

1个，500V兆欧表1块，其他便携金属加工工具（如锉刀、钢锯等）。

操作程序：

（1）检查并使用安全用具护具，停电，装设安全措施，登上变压器检修台，系好安全带。

（2）清扫外壳及高低压绝缘套管、储油柜、散热器、防爆管等，并消除渗漏。

（3）检查外部紧固引出线的接头螺钉，如发现局部烧伤，可用锉刀进行修整。

（4）检查油面计是否正常，清除储油柜表面积污，缺油时应补油。

（5）检查吸湿器是否正常，并清除污浊，必要时更换吸湿器。

（6）检查放油阀是否正常，漏油时应紧固螺钉或更换衬垫等。

（7）检查变压器高压侧熔断器的熔断管和熔断丝是否正常完好。

（8）检查变压器接地线、引线是否完好，锈蚀时应更换。

（9）检测变压器的绝缘电阻是否符合要求。

（10）消除已发现并就地可解决的缺陷。

（11）检查无物件遗漏，拆除安全措施，恢复送电。

操作安全提示：

（1）保持与熔断管的安全距离，防止取下时掉落被砸伤。

（2）绝缘护具破损可能导致触电。

（3）用力过猛可能导致绝缘棒脱节，使操作者发生扭伤、摔伤、脱臼。

(4) 高空作业须防止高空坠落或落物伤人。

(5) 变压器小修周期一般为一年。

(6) 即将补入的变压器油应为合格的变压器油,标号适合当地气温要求。

(7) 阴雨天不可给变压器补油,防止雨水进入变压器内部。

(8) 禁止从变压器下部补油,以防止变压器底部的沉淀物冲入线圈内而影响绝缘和散热。

(9) 操作时应两人进行,一人操作,一人监护。

49.制作 10kV 户内冷缩型电缆终端头(具体尺寸按附件品牌说明书)。

准备工作:

(1) 正确穿戴劳动保护用品。

(2) 工具材料准备:2500V 兆欧表 1 块,电缆剥除专用工具 2 把,充电式液压钳 1 台,钳子 2 把,电工刀 2 把,手锯 1 把,喷灯 2 把,手动或液压电缆切刀 1 把。

操作程序:

(1) 制作前检查:对照图纸检查电缆的位置、型号、电压及规格,检查电缆终端盒及其配件是否齐全、无损伤等。分别对电缆三相进行相对地绝缘电阻试验,试验数据合格后,再进行安装工艺。

(2) 电缆的准备:把电缆置于预定位置,按制造厂提供的安装说明书规定的尺寸剥去外护套、铠装及衬垫层。

① 将电缆端部约 50mm 长的一段外护层擦拭干净。

② 在护套口往下 25mm 处绕包两层防水胶带。

③ 在顶部绕包 PVC 胶带,将铜屏蔽带固定。

（3）安装接地线。

① 在护套上口 90mm 处的铜屏蔽带上，分别安装接地铜环，并将三相电缆的铜屏蔽带一同搭在铠装上。

② 用恒力弹簧将接地编织线与上述搭在铠装上的三相电缆的铜屏蔽带一同固定在铠装上。

（4）防水处理。

① 在三个接地铜环上分别绕包 PVC 带。

② 在铠装及恒力弹簧上绕包几层 PVC 带，包至衬垫层并将衬垫层全部覆盖住。

③ 在第一层防水胶带的外部再绕包第二层防水胶带，把接地线夹在中间，以防止水或潮气沿接地线空隙渗入。

（5）安装绝缘套管。

① 安装冷收缩型电缆分支套。把分支套放到三相电缆分叉处。先抽出下端内部塑料螺旋条，然后再抽出三个指管内部的塑料螺旋条，在三相电缆分叉处收缩压紧。

② 用 PVC 胶带将接地铜编织线固定在电缆护套上。

③ 将三根冷收缩绝缘套管分别套在三相电缆芯上，下部覆盖分支套指管 15mm，抽出绝缘套管内塑料螺旋条（逆时针抽掉），使绝缘套管收缩压紧在三相电缆芯上。绝缘套管顶端到线芯末端的长度应等于安装说明书规定的尺寸。

（6）安装接地线端子准备。

① 从冷收缩套管管口向上留一段铜屏蔽（户内终端留 30mm），其余剥去。

② 铜屏蔽带口往上留 5mm 的半导电层，其余的全部剥去。剥离时切勿伤到绝缘。

③ 按接线端子的孔深加上 10mm 剥去线芯末端绝缘。

④ 安装冷收缩绝缘件准备。

⑤ 半重叠绕包半导体带，从铜屏蔽带末端 5mm 处开始绕包至主绝缘上 5mm 的位置，然后返回到开始处。要求半导电带与绝缘交界处平滑过渡，无明显台阶。

（7）安装接线端子：套入接线端子，对称压接，并锉平打光，仔细清洗接线端子。

（8）安装冷收缩绝缘件。

① 用清洗剂将主绝缘擦拭干净。注意，不可用擦过接线端子的布擦拭绝缘。

② 在包绕的半导电带及附近绝缘表面涂上少许硅脂。

③ 套入冷收缩绝缘件到安装说明书所规定的位置，抽出冷收缩绝缘件内的塑料螺旋条（逆时针抽掉），使绝缘逐渐收缩压紧在电缆绝缘上。

（9）绕包绝缘带：用绝缘橡胶带包绕接线端子与线芯绝缘之间的间隙，外面再绕包耐高温、抗电弧的绝缘胶带。

（10）包绕相色标志带：在三相电缆芯分支套外包绕相色标志带。注意，如果接线端子平板宽度大于冷收缩绝缘件内径时，则应先安装冷收缩绝缘件，最后再压接接线端子。

（11）工作班成员清理工作现场，撤离，做到"工完料净场地清"。

操作安全提示：

（1）确保电缆作业时天气良好，如遇雷、雨、雪、雾等影响作业安全的天气不得进行作业，风力不得大于 5 级。

（2）室外制作 6kV 及以上电缆附件时，空气湿度大于 70% 不宜进行作业。

50. 制作 10kV 冷缩型电缆中间头（具体尺寸按附件品牌说明书）。

准备工作：

（1）正确穿戴劳动保护用品。

（2）工具材料准备：2500V 兆欧表 1 块，电缆剥除专用工具 2 把，充电式液压钳 1 台，钳子 2 把，电工刀 2 把，手锯 1 把，喷灯 2 把，手动或液压电缆切刀 1 把。

操作程序：

（1）制作前检查：检查电缆的型号、电压及规格，进行电缆外观检查，分别对电缆三相进行相对地绝缘电阻试验，试验数据合格后，再进行安装工艺。

（2）电缆的准备。

① 将电缆置于最终位置，分别擦洗两端 1m 范围内电缆护套，把灰尘、油污及其他污垢拭去。

② 将电缆切剥处理，具体尺寸按产品说明书取量。

（3）清洗主绝缘。

① 半重叠来回绕包半导电胶带，从铜屏蔽带上 40mm 处开始绕包至 10mm 的外半导体层上，绕包端口应十分平整。

② 按常规方法清洗电缆主绝缘，注意，切勿使溶剂碰到半导体屏蔽层上。

③ 如果必须用砂纸磨掉主绝缘上残留半导体，只能用不导电的氧化铝砂纸。

④ 清洗后，在进行下道工序前，应检查主绝缘表面，必须保持干燥。

（4）安装冷收缩接头主体。

① 从开剥长度较长的一端电缆装入冷收缩接头主体，

较短的一端套入铜屏蔽编织网套。注意，冷收缩接头必须安置于开剥较长的一端电缆，应注意塑料螺旋条的抽头方向。

② 按制造厂提供的安装说明书的指示装上连接管，进行压接。

③ 压接后将连接管表面锉平打光并且清洗。

④ 在半导电层与绝缘交界处及绝缘表面均匀涂抹由制造厂提供的专门混合剂。

⑤ 将接头主体定位在安装说明书指定的位置上。

⑥ 逆时针抽调塑料螺旋条，使冷收缩接头主体收缩。安装时注意对准半导电胶带，使接头主体的中心恰好定位在倒替压接管的中心位置。

（5）恢复金属屏蔽。

① 在装好的接头主体外套上铜编织网套。

② 用胶带把铜编织网套绑扎在接头主体上。

③ 用两只恒力弹簧将铜网套固定在电缆铜屏蔽带上。

④ 将铜网套的两端修齐整，在恒力弹簧前各保留10mm。

⑤ 半重叠绕包两层自黏性橡胶绝缘带，将弹簧包覆住。

（6）恢复铠装。

① 用 PVC 带将三芯电缆绑扎在一起。

② 绕包一层防水胶带，涂胶黏剂的一面朝外将电缆衬垫层包覆住。

③ 安装铠装接地接续编织线。

④ 在编织两端 80mm 的范围将编织线展开。

⑤ 将编织线展开的部分贴附在防水胶带和钢铠装上，并与电缆外护套搭接 20mm。

⑥ 用恒力弹簧将编织线的一端固定在铠装上，搭接在

外护套上的部分反折回来一起固定在钢铠上，同样，编织线的另一端也照此步骤安装。

⑦ 半重叠绕包两层自黏性橡胶绝缘胶带将弹簧连同铠装一起覆盖住，但不要包在防水胶带上。

（7）恢复外护套，安装铠装带。

① 为了得到一个比较圆整的外形，先用防水胶带填平两边的凹陷处。

② 在整个接头外绕包铠装带。从一端电缆的防水带外部边缘开始，半重叠绕包铠装带至对面另一端电缆的防水带上。

（8）为得到最佳的效果，接头制作完成后，30min 内不要移动电缆。

（9）工作班成员清理工作现场，撤离，做到"工完料净场地清"。

操作安全提示：

（1）确保电缆作业时天气良好，如遇雷、雨、雪、雾等影响作业安全的天气不得进行作业，作业时风力不得大于5级。

（2）室外制作 6kV 及以上电缆附件时，空气湿度大于70％不宜进行作业。

 常见故障判断处理

1. 绝缘子闪络故障有什么现象？故障原因是什么？如何处理？

故障现象：

（1）绝缘子表面烧损或击穿。

（2）绝缘电阻降低造成变电所接地故障。

故障原因：

由于鸟粪、灰尘和工业粉尘落在绝缘子上，造成绝缘子脏污，因脏污的性质不同，对电气设备绝缘水平的影响也不同。一般鸟粪、灰尘容易被雨水冲掉，对绝缘性能影响不大。但工业粉尘落在绝缘子表面，能构成一层薄膜（含硅、钙的氧化物、硫等），不易被水冲掉，这层薄膜当空气湿度很大或下毛毛雨时，就能导电，使绝缘子发生闪络。

处理方法：

（1）定期清扫绝缘子。

（2）增加悬式绝缘子串片数，提高支持绝缘子一级电压等级，以提高绝缘水平。

（3）采用防污绝缘子。

2. 拉线造成线路故障有什么现象？故障原因是什么？如何处理？

故障现象：

（1）拉线搭接线路一相，变电所反应线路单相接地。

（2）拉线搭接线路两相，变电所出现速断跳闸现象。

故障原因：

（1）UT 线夹丢失使拉线搭在导线、引线或电气设备上。

（2）拉线抱箍下滑使拉线搭在导线或电气设备上。

（3）拉线与带电体距离不够。

（4）地质环境变迁导致拉线与导线间距离缩小。

（5）外力破坏，如车辆刮碰等。

处理方法：

（1）加强线路巡视，将发现的问题及时处理。

（2）对影响线路安全运行的拉线进行调整或改为撑杆。

（3）加强施工质量管理。

3. 避雷器造成线路故障有什么现象？故障原因是什么？如何处理？

故障现象：

（1）线路一相避雷器故障，变电所反应线路单相接地。

（2）线路两相避雷器故障，变电所出现速断跳闸现象。

故障原因：

（1）在中性点不接地系统中，发生单相接地时，使非故障相对地电压升至线电压，此时，虽然避雷器所承受的电压小于其工频放电电压，但在持续时间较长的过电压作用下，可能引起击穿。

（2）电力系统发生铁磁谐振过电压时，可能使避雷器放电，从而烧损其内部元件引起击穿。

（3）当线路受雷击时，避雷器正常动作后，由于本身火花间隙灭弧性能较差，如果间隙承受不住恢复电压而击穿时，则电弧重燃，工频续流再度出现，将会因间隙多次重燃烧坏阀片电阻，引起避雷器击穿。

（4）避雷器瓷套密封不良，容易受潮和进水进而引起击穿。

（5）避雷器表面严重脏污，造成闪络击穿接地。

（6）避雷器的脱离器脱开后，因接地引线过长，搭在带电体上造成接地。

（7）避雷器运行时间过长，绝缘老化造成接地。

处理方法：

（1）加强线路巡视将发现的问题及时处理。

（2）加强避雷器的质量管理，安装前应对避雷器进行耐压试验，合格后方可使用。

(3) 按避雷器运行使用周期规定要求及时进行更换。

4. 引线造成线路故障有什么现象？故障原因是什么？如何处理？

故障现象：

(1) 引线搭接线路一相，变电所反应线路单相接地。

(2) 引线搭接线路两相，变电所出现速断跳闸现象。

故障原因：

(1) 引线过长，或在风的作用下造成引线疲劳折断。

(2) 设备线夹与引线接触不良，使引线脱出。

(3) 引线没有使用设备线夹（接线端子）与设备连接，导致接触不良烧断。

处理方法：

(1) 调整引线的长度。

(2) 在检修中将发现接触不良的设备线夹及时紧固或更换。

(3) 将没有使用设备线夹（接线端子）的引线应安装设备线夹（接线端子）。

5. 导线损伤造成故障有什么现象？故障原因是什么？如何处理？

故障现象：

断线、接地故障。

故障原因：

(1) 施工不当造成导线受损。

(2) 导线弛度过大引起相间短路使导线受损。

(3) 交叉跨越距离不够造成短路使导线受损。

(4) 因环境变迁使导线对地距离不够造成外力破坏，

如车辆剐碰导线，使导线受损。

（5）导线固定处未缠铝包带使导线磨损。

（6）因恶劣天气，如雷击，使导线受损。

处理方法：

（1）在19股的导线受损不超过3股，钢芯铝绞线铝线断两股，截面积损伤不超过导电部分总截面积的7%，采用缠绕法处理损伤缠绕的长度不应小于100mm。

（2）在同一截面内，导线损伤或断股面积超过导线导电部分面积的15%，应锯断重接。

（3）加强防雷设施。

（4）按规定调整导线。

（5）按规定保证交叉跨越处的安全距离并加装安全警示标志。

6. 导线因弛度引发的故障有什么现象？故障原因是什么？如何处理？

故障现象：

混线、断线、相间短路、对地和其他线路安全距离不够。

故障原因：

（1）导线弛度过大，在大风天气时的摆动，容易造成混线或相间短路。

（2）导线因弛度过小，在寒冷天气易引起断线事故。

（3）弛度过大，对地或其他线路安全距离减小，易发生事故。

处理方法：

处理导线弛度时，在考虑天气因素的情况下，按规程规定要求，将导线弛度调整合适，避免故障的发生。

7. 冬季导线发生崩断的故障有什么现象？故障原因是什么？如何处理？

故障现象：

导线过紧，突然崩断。

故障原因：

（1）由于温差变化过大，导线弧垂过小。

（2）由于导线排列方式的改变，如三角排列改为水平排列。

（3）相邻电杆高差较大。

（4）导线质量问题。

（5）导线受外力损伤，如导线磨损、雷击、被盗割未断。

处理方法：

（1）调整导线弛度达到规定要求。

（2）加装 1m 或 2m 铁帽，减小高差。

（3）更换合格的导线。

（4）入冬前，加强线路巡视，对受外力损伤的导线进行更换或修补。

8. 树木对线路造成的故障有什么现象？故障原因是什么？如何处理？

故障现象：

树木对电力线路造成故障时的现象，有接地（瞬间接地或频繁瞬间接地）、过流（或频繁过流）、速断（或频繁速断），以及倒在线路上造成断杆、断线。

故障原因：

（1）在雷雨天气树木来回掠过线路导线，易发生频繁的瞬间接地。

（2）树木生长过高，接触到一相导线，会发生接地故障。

（3）树木生长过高，接触到两相导线，会发生过流或短路速断故障。

（4）线路侧面生长的大树，大风天容易被风刮倒，砸到线路上，造成断杆或断线事故。

处理方法：

（1）对线路通道内影响线路安全运行的树木，进行砍伐。

（2）对线路通道外影响线路安全运行的树木枝杈及时修剪。

（3）对穿越林带的裸导线更换为绝缘导线。

9. 线路倒杆引起故障有什么现象？故障原因是什么？如何处理？

故障现象：

线路接地或速断。

故障原因：

（1）长期在水中浸泡，使水泥杆腐蚀、疏松，发生倒杆。

（2）环境变迁、大水冲刷使电杆埋深不够，发生倒杆。

（3）外力破坏，如车辆碰撞、杆塔周围土方被挖、树木砸倒电杆等，发生倒杆。

（4）因冬季施工线路，春季解冻后基坑回填土下沉，造成基础不牢固，发生倒杆。

（5）风力过大，发生倒杆。

（6）拉线棒腐蚀使杆塔受力不均，发生倒杆。

处理方法：

（1）对水中的电杆进行防腐处理。

（2）电杆加装护管、涵管、锥形涵管等措施。

（3）电杆打防护桩，移杆，以及砍伐通道内的高大树木。

（4）对经常遭外力破坏的电杆加装警示反光板。

（5）更换被腐蚀的拉线棒，加装防风拉线。

（6）对腐蚀、疏松、漏钢筋的水泥电杆进行修补，必要时进行更换。

10. 车辆剐碰杆塔引起的故障有什么现象？故障原因是什么？如何处理？

故障现象：

（1）断线或倒杆。

（2）线路出现突然接地或速断。

故障原因：

（1）车辆直接撞击，发生倒杆事故。

（2）车辆严重挂碰杆塔，导线拉断，落到地面造成接地故障。

（3）车辆轻微挂碰杆塔，造成导线摇动，引起相间或三相短路。

处理方法：

（1）加装警示反光板。

（2）打防护桩。

（3）对事故多发地带，将杆塔移位。

11. 配电线路经常发生跳闸，故障现象及原因有哪些？怎样处理？

故障现象：

线路经常发生瞬时跳闸故障。

故障原因：

（1）鸟在导线间、设备上飞行和停留时，安全距离不够造成的跳闸。

（2）鸟巢在阴雨潮湿天气搭接到两相或三相带电体。

（3）分支杆导线弛度大，与主线路边相安全距离减小，摆动时造成短路跳闸。

（4）过引线松弛，相间距离过近。

（5）导线弛度过大，在大风天摆动时易造成短路跳闸故障。

处理方法：

（1）安装驱鸟装置。

（2）清除鸟巢。

（3）调整分支杆处导线的相间距离达到规定要求。

（4）调整过引线达到规定要求。

（5）调整导线弛度达到规定要求。

12. 线路缺相故障有什么现象？故障原因是什么？如何处理？

故障现象：

三相电压不平衡，低压侧不能正常启动电动机等设备，电动机等设备容易发生过热、烧毁现象。

故障原因：

（1）导线断线。

（2）设备线夹松动、断裂或接触不良。

（3）隔离开关触头接触不良。

（4）断路器接触不良。

（5）与主干线 T 接处接触不良或断点。

（6）主干线电源侧缺相。

处理方法：

（1）更换导线。

（2）更换设备线夹。

（3）更换隔离开关触头。

（4）断路器维修或更换。

（5）T接处断点部分重新连接。

（6）查找电源侧故障并处理。

13.线路速断的故障有什么现象？故障原因是什么？如何处理？

故障现象：

变电所反应线路速断。

故障原因：

（1）导线弛度大，在电动力或风力的作用下摆动引起速断。

（2）变压器、断路器、熔断器、避雷器、隔离开关等设备的引线断，搭接到其他相引起速断。

（3）外力破坏，车辆剐碰导线或电杆。

（4）设备在运行中绝缘损坏。

（5）鸟害，鸟落在高压设备上或在线路上搭建鸟巢，使导线间及对地距离不够。

处理方法：

（1）调整导线弛度，使其符合规程规定。

（2）在车辆剐碰电杆、导线处加装警示标志。

（3）加强对线路、设备及沿线的巡视，发现问题及时处理。

14. 线路发生接地、短路故障有什么现象？主要故障原因是什么？如何处理？

故障现象：

变电所反应线路接地、速断。

故障原因：

（1）线路绝缘损坏，架空线路的瓷瓶、避雷器瓷体、开关设备、支持绝缘子，由于脏污、裂纹、雷击、外力破坏等原因造成单相接地。

（2）避雷器、真空开关、变压器等设备内部绝缘降低、击穿后接地，如果不同的两相接地，则会造成相间短路跳闸。

（3）外部环境影响，鸟类、鸟巢、潮湿的树木、铁丝等导电物体搭落在线路的带电部分与接地体间，造成线路单相接地、两相接地短路、三相接地短路。

（4）雷击、外力冲击等造成断线，使线路单相接地、两相接地短路、三相接地短路。

处理方法：

（1）更换试验合格的瓷瓶、避雷器、支持绝缘子。

（2）检修、更换烧损的设备。

（3）砍伐沿线的树木，清除线路上的异物。

（4）续接导线。

15. 设备线夹烧损故障有什么现象？故障原因是什么？如何处理？

故障现象：

线路、设备缺相或电压波动。

故障原因：

（1）长期运行，导线与线夹接触部位氧化、接触不良、烧损。

(2) 线夹与导线型号不匹配，连接处发生松动烧损。

(3) 铜铝过渡部位断裂脱开。

(4) 施工质量问题。

(5) 产品质量问题。

处理方法：

(1) 紧固螺栓。

(2) 清除导线、线夹表面氧化物。

(3) 更换合格的铜铝过渡设备线夹。

16. 变压器常见故障有什么现象？故障原因是什么？如何处理？

故障现象：

(1) 配电变压器油枕冒油。

(2) 配电变压器响声异常。

(3) 套管闪络放电。

(4) 在正常冷却条件下，油温上升不止。

(5) 严重渗油、漏油。

(6) 瓦斯保护装置动作。

(7) 配电变压器绝缘电阻下降。

(8) 配电变压器做直阻试验时，三相电阻不平衡。

(9) 配电变压器着火。

故障原因：

(1) 油量过多，运行过热，使配电变压器油枕冒油。

(2) 系统电压过高或过负荷，变压器相间、匝间短路。

(3) 套管污秽、裂纹、受潮后绝缘下降。

(4) 变压器相间、匝间短路，铁芯多点接地严重短路。

(5) 套管或箱体密封胶垫老化，变压器箱体锈蚀严重，出现细小裂缝或小孔隙。

（6）配电变压器内部故障，产生瓦斯气体，或瓦斯保护装置误动作。

（7）配电变压器绝缘老化或超过运行周期。

（8）线间差值大于2%为分接开关或引线故障，如果阻值明显减少为匝间短路。

（9）变压器内部匝间或相间短路，造成瓦斯气体和变压器油燃烧。

处理方法：

（1）调整油位到正常位置。

（2）调整系统电压后降低变压器负荷，更换变压器。

（3）对套管及时清扫，发现套管破损或裂纹应及时更换。

（4）将变压器退出运行，试验检修。

（5）更换套管或箱体密封胶垫，对漏点进行堵漏处理，同时补加同型号变压器油。

（6）变压器停运，进行吊芯检查。

（7）进行吸收比试验，吸收比小于1.3时受潮，将变压器停运，对线圈进行烘干处理，对变压器油进行过滤。

（8）将变压器停运进行吊芯检查处理。

（9）断开电源，用专用灭火器灭火，若上盖着火应打开下部放油阀放油至适当位置，若内部着火则不能放油，以免发生爆炸。

17.变压器熔断器熔断丝熔断的故障有什么现象？故障原因是什么？如何处理？

故障现象：

变压器熔断器熔断丝熔断。

故障原因：

(1) 变压器绝缘老化击穿。

(2) 低压设备绝缘损坏造成短路，但低压熔断丝未熔断，越级造成高压熔断丝熔断。

(3) 熔断丝的容量选择不当，熔断丝本身质量问题或熔断丝安装不当。

(4) 过电流或遭受雷击。

处理方法：

(1) 更换变压器，安装新熔断丝。

(2) 修理低压设备，更换合适的低压熔断丝。

(3) 更换高压熔断丝，并按规定要求安装。

18. 变压器发出异常声响的故障有什么现象？故障原因是什么？如何处理？

故障现象：

变压器发出异常声响、震动等。

故障原因：

(1) 变压器过负载，发出的声响比平常沉重。

(2) 电源电压过高，发出的声响比平常尖锐。

(3) 变压器内部震动加剧或结构松动，发出的声响大而嘈杂。

(4) 绕组或铁芯绝缘有击穿现象，发出的声响大且不均匀或有爆裂声。

(5) 套管污秽严重或有裂纹，发出"吱吱"声且套管表面有闪络现象。

(6) 接线柱螺栓松动，设备线夹氧化、虚接发出"吱吱"声。

处理方法：

（1）减少负载。

（2）调整电源电压。

（3）减少负载或停电进行修理。

（4）停电进行修理。

（5）停电清洁套管或更换套管。

（6）停电更换设备线夹。

19. 变压器油温过高故障有什么现象？故障原因是什么？如何处理？

故障现象：

变压器油温超过正常运行温度。

故障原因：

（1）变压器长期过负荷运行。

（2）三相负载不平衡。

（3）变压器散热不良。

处理方法：

（1）减少负载。

（2）调整三相负载的分配，使其平衡。对于 Y，yn0 连接的变压器，其中性线电流不得超过低压绕组额定电流的25%。

（3）检查并改善冷却系统的散热情况。

20. 干式变压器常见故障有什么现象？故障原因是什么？如何处理？

故障现象：

（1）变压器在运行中超过允许温度。

（2）变压器在运行中有放电声或匝间短路。

（3）干式变压器的有载调压开关接触不良或烧损。

故障原因：

（1）由于干式变压器超载能力比较强，一般过负荷的情况不会引起温升过高，多是由于排风不畅引起，如风机损坏、通风不良等。

（2）干式变压器对环境要求比较严格，由于表面灰尘过多，受潮可导致沿面放电，破坏绝缘，还有的由于制造工艺问题，如气泡、绝缘不均等，在外界条件影响下，也有可能运行一段时间后发生放电现象。

（3）有载调压开关虚接，或制造工艺水平不过关，故障率高。

处理方法：

（1）应查明原因，根据具体情况予以处理。

（2）加强巡视和检修清扫，按期做预防性试验。

（3）有载调压开关虚接的，清除表面氧化层后，重新调试，对质量差的直接更换。

21. 箱式变压器的常见故障有什么现象？故障原因是什么？如何处理？

故障现象：

变压器缺相或短路，电压波动等。

故障原因：

（1）变压器受潮使内部发霉，导致绝缘层损坏，造成严重漏电或短路。

（2）电源电压突然升高也可引起绝缘击穿、绕组短路。

（3）外部引线断线。

（4）引线与焊片脱焊。

（5）线包经碰撞断线和受潮后发生内部霉断等。

（6）变压器熔断丝熔断。

处理方法：

(1) 更换变压器。

(2) 重新连接导线。

(3) 重新焊接。

(4) 更换熔断丝。

22. 真空断路器常见故障有什么现象？故障原因是什么？如何处理？

故障现象：

(1) 真空断路器误动作。

(2) 真空断路器不能储能。

(3) 真空断路器分、合闸失灵。

故障原因：

(1) 真空断路器误动作有两个原因：

① 断路器本体有质量问题。

② 保护定值整定不恰当。

(2) 真空断路器不能储能有两个原因：

① 人工储能时，储能机构因锈蚀、积尘发生卡涩，冬季润滑油标号不够冻凝，造成机构不能储能。

② 电动储能时，不能储能的主要原因是电动机控制回路故障、电源故障，以及储能电动机烧毁。

(3) 断路器分、合闸机构因锈蚀、积尘发生卡涩，冬季润滑油标号不够冻凝，拉力弹簧拉力不够等原因造成分、合闸失灵。

处理方法：

(1) 断路器因产品质量问题出现故障，应进行更换。

(2) 根据实际负载，及时恰当地调整断路器的定值。

(3) 按规定期限要求，检修真空断路器，清除锈蚀和积尘，更换高标号润滑油。

（4）检修真空断路器时，对电动储能进行储能试验，保证其正常工作。

（5）对拉力不够的拉力弹簧进行更换。

23. 变压器跌落式熔断器熔断丝熔断故障有什么现象？故障原因是什么？如何处理？

故障现象：

变压器熔断器熔断丝有时一相、两相熔断，有时三相同时熔断。

故障原因：

（1）跌落式熔断器额定开断容量小，其下限值小于被保护系统的三相短路容量，熔断丝熔断。

（2）熔断丝质量不良，其焊接处受到外力或者机械力的作用后脱开，发生误断。

（3）大气过电压，造成熔断丝熔断。

（4）更换熔断丝时操作不正确，熔断丝受伤断股，发生误断。

（5）变压器内部短路故障，熔断丝保护熔断。

（6）变压器外部故障，熔断丝保护熔断。

（7）操作时，合熔断管不到位造成触头烧伤，产生毛刺引起接触不良，使触头过热，弹簧退火，促使触头更为接触不良，形成恶性循环造成熔断丝熔断。

（8）被保护线路发生短路和过负荷故障，熔断丝保护熔断。

处理方法：

（1）应检查高压引线及瓷绝缘部分有无闪络及放电痕迹，同时检查变压器有无过热、变形、喷油等异常现象，本体有无异常声音。

（2）当变压器熔断丝熔断后，外观无明显异常时，可通过遥测绝缘电阻、油化验进行判断、处理，如果仍无明显事故痕迹时，可用电桥测量变压器直阻来进一步判断，确定事故性质。

（3）熔断器熔断丝有两相或者三相熔断丝熔断且烧伤明显时，应是内部或外部故障引发的。内部故障更换变压器，外部故障维修处理。

（4）正确操作，使熔断管合闸到位。

（5）调整熔断管两端铜套的距离，使熔断器匹配牢固。

（6）更换符合规格型号的熔断器。

24. 熔断器熔断丝熔断后，不跌落故障有什么现象？故障原因是什么？如何处理？

故障现象：

跌落式熔断器熔断丝熔断后，不跌落，熔断管烧毁，线路或设备缺相。

故障原因：

（1）转动不灵活或被异物卡住。

（2）熔断器俯角不对。

（3）熔断管选择不当。

（4）熔断管与触头接触部分虚接打火，导致接触部分粘连，熔断丝虽然熔断，但熔断管未跌落。

处理方法：

（1）停电检修处理。

（2）调整熔断器俯角。

（3）选择同规格型号的熔断管。

（4）正确操作，使熔断管合闸到位。

（5）选择同规格型号的熔断管，将烧坏的熔断管进行更换。

25. 隔离开关合不严的故障有什么现象？故障原因是什么？如何处理？

故障现象：

（1）配电线路缺相。

（2）配电变压器缺相，低压一相电压低。

（3）隔离开关一相触头烧损。

故障原因：

（1）开关合不严，用电设备缺相。

（2）动触头螺栓松动或丢失。

（3）动触头偏离，合不上。

（4）三相刀闸不同期。

（5）辅助接点卡、阻现象。

（6）机构锁不上。

处理方法：

（1）隔离开关合闸后，用 0.05mm 厚的塞尺检查触头接触情况，对于线形接触的，塞尺插不进去，对于面接触的，塞尺插入深度不应超过 4 ～ 6mm，否则应对接面进行锉修或整形，使之符合标准。

（2）触头弹簧各圈之间的距离，在合闸位置时应不小于 0.5mm 且间距均匀。

（3）隔离开关组装后，将其缓慢合闸，观察刀闸是否对准静触头的中心，如有偏卡现象，应通过调整座瓶、拉杆或其他部件加以改正。

（4）隔离开关的闸刀张角或开距应符合要求，户内型隔离开关在合闸后，闸刀应有 3 ～ 5mm 的备用行程，三相同期性应符合制造厂家规定要求。

（5）检查辅助接点并加以打磨，确保接触良好。

（6）隔离开关的闭锁，止点装置应正确、可靠，并按规定要求做预防性试验。

（7）隔离开关触头烧损不严重的应打磨平整后重新修复，变形或严重烧损的进行更换。

26. 隔离开关合不上的故障有什么现象？故障原因是什么？如何处理？

故障现象：

隔离开关出现卡、涩现象，合不上，有时会"打火"。

故障原因：

（1）由于隔离开关的轴销、楔栓脱落或退出。

（2）隔离开关通轴连接部分或操作机构拐臂断裂、开焊等机械故障。

（3）隔离开关操作连杆过长，引起隔离开关合不上。

（4）因隔离开关通轴锈死，操作机构传动部分变形或卡死，从而引起隔离开关合不上。

（5）因隔离开关覆冰合不上。

（6）由于隔离开关动、静触头之间有鸟巢或其他异物导致合不上。

处理方法（停电、验电、做好安全措施后）：

（1）重新修复轴销及楔栓。

（2）对断裂或开焊的部分重新对正焊接好。

（3）更换过长的操作连杆或调整操作机构位置。

（4）给通轴锈死的部分上油润滑，对机构传动变形或卡死的部分进行调整和润滑，并拉合调试。

（5）清除隔离开关的覆冰，并重新调试。

（6）清除隔离开关动、静触头之间的鸟巢或其他异物。

27.隔离开关拉不开的故障有什么现象？故障原因是什么？如何处理？

故障现象：

隔离开关卡住、拉不开。

故障原因：

（1）隔离开关三相动触头的压力调节螺栓过紧。

（2）隔离开关通轴连接部分或操作机构拐臂断裂、开焊等机械故障。

（3）因隔离开关通轴锈死，操作机构传动部分变形或卡死，从而引起隔离开关拉不开。

（4）因隔离开关覆冰，动、静触头或隔离开关的传动部分被冻住。

处理方法（停电、验电、做好安全措施后）：

（1）对隔离开关三相动触头的压力调节螺栓进行调节后，拉合调试。

（2）对断裂或开焊的部分重新对正焊接好。

（3）给通轴锈死的部分上油润滑，对机构传动变形或卡死的部分进行调整和润滑，并拉合调试。

（4）清除隔离开关的覆冰，并重新调试。

28.隔离开关动、静触头故障有什么现象？故障原因是什么？如何处理？

故障现象：

隔离开关动、静触头接触部位发热或变色，严重时"打火放电"。

故障原因：

（1）压力弹簧松弛或螺栓松动。

（2）动、静触头接触部分表面氧化。

（3）高压隔离开关的动、静触头间隙大，造成接触不良。

处理方法：

（1）停电调整松弛的弹簧，拧紧松动的螺栓。

（2）对动、静触头接触部分进行打磨，并涂导电膏或凡士林。

（3）停电对动、静触头的接触部位进行处理。

（4）更换烧损严重的动、静触头。

29. 隔离开关易发生的故障有什么现象？故障原因是什么？如何处理？

故障现象：

隔离开关动、静触头过热或烧损，绝缘击穿等。

故障原因：

（1）运行中，隔离开关触头虚接，造成动、静触头过热或烧损。

（2）瓷、座瓶外伤，绝缘强度降低，在潮湿或阴雨天气易击穿发生事故。

（3）座瓶胶合部分因质量问题或自然老化造成座瓶损坏。

（4）在污秽严重地区或过电压情况下，会发生闪络、座瓶损坏，烧坏隔离开关。

（5）开关操作机构有鸟巢会造成拉、合时机构不灵活。

处理方法：

（1）发现触头过热，应停电处理。

（2）座瓶外伤超过规定值及时更换试验合格的座瓶。

（3）在污秽地区应加强清扫，保持座瓶的清洁。

(4) 运行中加强巡视，发现异常及时处理。

30. 电容器过热的故障有什么现象？故障原因是什么？如何处理？

故障现象：

电容器非正常温度过热。

故障原因：

(1) 接头用的螺栓松动，产生了拉弧。

(2) 频繁起、停，反复受浪涌电流冲击作用。

(3) 长期过电压运行，造成过负荷。

(4) 环境温度过高，超过允许值。

处理方法：

(1) 拧紧松动的螺栓并加强巡视。

(2) 做到不频繁起、停电力电容器，除非线路停电时才切断电力电容器。

(3) 更换电压较高的电力电容器。

(4) 设法降低环境温度。

31. 电容器常见故障有什么现象？故障原因是什么？如何处理？

故障现象：

电容器常见故障的现象有渗油、温升过高、外壳膨胀、瓷瓶表面闪络甚至爆炸。

故障原因：

(1) 运行中的电容器出现渗漏油，是由于产品质量问题或维护不当引起的。

(2) 电容器外壳膨胀，电极对外放电，使内部压力增大，导致外壳膨胀变形。

(3) 电容器温升过高，主要原因是电容器过电流和通风条件差。

（4）电容器瓷瓶表面闪络放电，其原因是瓷瓶绝缘有缺陷，表面脏污。

（5）声音异常，运行中，发现有放电声或其他不正常声音说明电容器内部有故障。

（6）电容器爆炸，元件击穿、绝缘损坏、密封不严、漏油、外壳鼓肚、内部游离。

处理方法：

（1）电容器外壳渗、漏油不严重时，可在外壳渗、漏处除锈、焊接、涂漆。

（2）电容器外壳膨胀应更换。

（3）如温度过高，应改善通风条件。

（4）电容器应定期检查、清扫，更换闪络放电的瓷瓶。

（5）电容器声音异常，应停止运行，进行更换。

（6）电容器发生爆破，应及时更换。

32. 混凝土电杆破损的故障有什么现象？故障原因是什么？如何处理？

故障现象：

麻面、蜂窝、露筋、空洞。

故障原因：

（1）麻面，电杆由于雨水冲刷以及低洼地带水的浸泡腐蚀，使电杆表面出现无数小凹点，形成麻面。

（2）蜂窝，电杆表面形成的麻面，由于侵蚀加剧，麻面就会变深变大，类似于蜂窝。

（3）露筋，因电杆继续受到浸泡侵蚀，一旦达到钢筋层，就会出现露筋现象。

（4）空洞，当混凝土电杆被腐蚀到电杆内部，就会形成空洞，时间长了就会出现倒杆事故。

处理方法：

（1）对电杆进行防腐蚀处理，对缺混凝土的电杆用比例合格的水泥进行修补。

（2）清理杆体残渣，清除锈蚀部位，用1∶2或1∶2.5水泥修补。

（3）侵蚀严重的更换电杆。

33. 线路金具主要故障有什么现象？故障原因是什么？如何处理？

故障现象：

金具锈蚀、裂纹、开焊或断裂。

故障原因：

（1）金具表面出现锈蚀、镀锌层脱落。

（2）接续金具线夹、压板、引流板等不平整，有毛刺。

（3）金具有裂纹或开焊。

（4）支持金具变形。

处理方法：

（1）除锈后补刷红丹及油漆。

（2）将线夹、压板、引流板打磨平整。

（3）更换有裂纹、开焊和变形的金具。

34. 电缆线路常见故障有什么现象？故障原因是什么？如何处理？

故障现象：

电缆常见故障短路、接地、断路、闪络等。

故障原因：

（1）由电缆或电缆附件质量差造成的。由于产品质量不过关，造成制作的电缆接头内部含有杂质、气隙等，在电缆投入运行一段时间后，产生树枝放电现象。因产品质量问题，造成导线压接质量不好，使接头接触电阻过大而发热，造成绝缘老化，绝缘层击穿。使用了电缆绝缘有严重偏心、气隙、杂质的不合格的电力电缆，运行中形成电树枝，最终导致故障发生。

（2）由电缆运行环境差造成的。电缆散热不良或长期过负荷、与热力管道靠得太近等。电缆腐蚀，敷设路径选择不当，土壤酸碱度异常，腐蚀电缆，加速电缆护套和绝缘老化。绝缘受潮老化，如果电缆井内有积水，电缆长期浸泡在水中，密封不好、护层破损等容易使电缆投运后潮气水分进入使主绝缘受潮，发生故障。

（3）电缆的安装质量不高造成的，故障电缆直埋敷设时被石块或重物挤压，电缆的弯曲半径过小使电缆受到机械外伤。电缆施工中，由于电缆保护管有毛刺或棱角，在穿管时机械牵引不当造成管壁刮伤电缆等。电缆施工时挖掘设备误碰地下直埋电缆，使电缆保护管变形、断裂、挤压刮伤电缆外护套，使电缆遭受机械外伤，敷设电缆时由于弯曲过大，损伤电缆绝缘、屏蔽层或由于拉力过大，导体被拉伤。

（4）外力破坏造成的电缆机械损伤故障，如挖土、打桩、外部施工时挖掘设备误碰地下电缆。电缆沟上方回填土方致使地面下陷造成电缆故障。

（5）过电压，雷击或其他冲击电压造成电缆损坏。

处理方法：

（1）确定故障电缆是低阻短路故障、断线开路故障或者是高阻闪络性故障。在检测电缆故障之前，测试工作人员除掌握电缆故障测试仪的性能及操作方法，首先必须确定是什么类型的电缆故障，以便采用适当的电缆故障检测方法。首先用数字兆欧表在故障电缆的一端测量各相对地及相之间的绝缘电阻值，根据测得的故障电缆阻值高低确定是低阻短路故障或断线开路故障，或者是高阻闪络性故障。

（2）根据数字绝缘电阻表测得故障电缆阻值确定故障检测方法。当使用数字绝缘电阻表测得故障电缆阻值低于100Ω为低阻故障，0至几十欧姆为短路故障，阻值极高到无限大为开路或断线故障。根据是否断线，还可以将电缆终端相连万能用表在始端测量被短路接两相的阻值加以确认。此类故障可用低脉冲法直接测定。

（3）当故障电缆阻值很高（数百兆和千兆）且在做高压试验时有瞬间放电现象，此类故障一般称为闪络性故障，可采用直流高压闪测法确定。

（4）电缆高阻故障阻值高于低阻故障，可在做高压试验时用直流高压闪测法确定。

（5）按以上方式粗略测试之后再进行电缆故障点的精确定位，必要时需找电缆路径，丈量电缆长度或距离。

35．电缆终端头故障有什么现象？故障原因是什么？如何处理？

故障现象：

电缆终端头故障有污闪放电、接地、短路等现象。

故障原因：

（1）户外终端头绝缘密封不良，使水分进入，导致绝缘受潮而击穿。

（2）户内终端头电缆头直接引至室外，使外界潮气沿着电缆芯绝缘侵入电缆内部，造成击穿。

（3）电缆头三芯分支处距离小，所包绝缘物脏污，容易引起泄漏电流，使绝缘损坏，导致电缆头爆炸。

（4）引出线接触不良，造成过热及脱焊现象。

处理方法：

（1）接触不良和过热，应重新打磨接触部分，再可靠连接。

（2）重新制作电缆终端头，并做耐压试验。

36. 电缆中间头故障有什么现象？故障原因是什么？如何处理？

故障现象：

主要有接地、短路等现象。

故障原因：

（1）防水设计不周密，中间电缆井未按规定处理，绝缘密封不良，水分进入，导致接头受潮而击穿；接头制作时环境湿度过大导致接头内部残存水分，运行电压下引发故障。

（2）屏蔽带处理不当，高压电缆接头内金属屏蔽带割断处未做处理或连接不良，电应力骤然增加。

（3）导线连接不良、机械强度差、留有尖刺造成局部应力过大。

（4）水分进入，导致接头受潮而击穿。

处理方法：

重做接头，严格按电缆中间头工艺标准制作，并做好耐压试验

37. 接地装置常见故障有什么现象？故障原因是什么？如何处理？

故障现象：

接地体锈蚀、脱焊，接地线断，以及接地电阻大等。

故障原因：

(1) 接地体由于长期埋于地下发生锈蚀。

(2) 接地体受外力破坏脱焊。

(3) 由于环境变迁使接地体外露。

(4) 接地线断或连接接地体的并沟线夹被盗。

(5) 接地电阻超过规定值。

处理方法：

(1) 接地体除锈，锈蚀严重的及时更换。

(2) 对破坏的部分重新焊接。

(3) 将外露接地体上回填土壤，使其符合规程要求。

(4) 重新连接接地线，安装并沟线夹或采取其他防盗方法连接。

(5) 利用人工或化学处理，降低接地电阻。

38. 线路末端电压过低故障有什么现象？故障原因是什么？如何处理？

故障现象：

线路末端电压过低，影响设备不能正常运行。

故障原因：

(1) 导线选择不当，不按经济密度选择导线或已定导线截面积却不按经济容量运行。

(2) 无功补偿容量不足，电压水平低，形成高峰时低电压供电，低谷时高压运行，致使线损增加。

(3) 系统电压层次过多，不合理的串级供电。

(4) 主要变压器运行不合理，该并联的不并联，该停用的不停用，该启用的不启用。

(5) 线路负荷增大，超过原有线路设计容量。

(6) 低压配电网络供电半径过长，输送容量太大，末端电压过低。

（7）线路老化，导线接头过多造成电压损耗过大。

处理方法：

（1）合理选择导线截面。

（2）改善无功容量补偿。

（3）减少不合理串供电。

（4）主要变压器合理供电。

（5）合理安排，减小负荷。

（6）合理选择供电半径。

（7）对老化线路进行改造。

39.系统电压频繁波动的故障有什么现象？故障原因是什么？如何处理？

故障现象：

系统电压频繁波动。

故障原因：

（1）当电力负荷大于电力系统所能提供的负荷时就会产生电压、频率降低，其主要因素是系统滞后的无功负荷所引起的系统电压损失。

（2）在三相四线制中，如三相负荷分布不均（相线对中性线），将产生零序电压，使零点移位，一相电压降低，另一相电压升高，增大了电压偏差。

处理方法：

（1）当负荷变化时，相应调整电容器的接入容量就可以改变系统中的电压损失，从而在一定程度上缩小电压偏差的范围。

（2）白天高峰负荷时电压偏低，因此将变压器抽头调在"-5％"的位置上，但到夜间负荷轻时电压就过高，这时如切断部分负载的变压器，改用低压联络线供电，增加变压器和线路中的电压损耗，就可以降低用电设备的过高电压。

40. 三相电压过高或过低故障有什么现象？故障原因是什么？如何处理？

故障现象：

三相电压超过额定值10%或过低于额定值10%。

故障原因：

（1）三相电压超过额定值10%的原因是变压器分接开关挡位不对。

（2）三相电压低于额定值10%的原因有：

① 变压器分接开关挡位不对。

② 变压器总容量不够。

③ 线路供电距离过长。

④ 电力线路导线截面过小。

处理方法：

（1）测量配电室低压电源总开关的三相电压值，测得结果三相电压值（U）都高于或低于额定电压 ±10%以上表明电力变压器的分接开关位置调整不当。处理方法是调整变压器分接开关使变压器低压侧的空载电压达到标准，一般为400V。

（2）电源总开关电压正常，测量电动机电源开关电压，如电压低于额定电压10%以下则表明由电源总开关至电动机电源开关线路导线过细。排除方法为重新核算负载容量、供电线路长度，重新计算电压降，合理选择导线截面积，更换某段过细的导线。

41. 三相电压不平衡超过5%故障有什么现象？故障原因是什么？如何处理？

故障现象：

三相电压不平衡超过5％。

故障原因：

(1) 变压器高压侧电压不平衡。

(2) 变压器内部故障。

(3) 变压器至测量点的电力线路断线、接触不良、开关烧损、熔断丝熔断等。

处理方法：

(1) 测量配电室低压电源总开关三相电压值，在高压侧电压正常的情况下，测得三相电压不平衡，则表明变压器内部有故障，或由变压器至电源总开关的线路有故障。线路故障大多由接触不良引起，处理方法为检测变压器，查找线路接触不良故障点予以排除。

(2) 电源总开关电压正常，测量电动机电源开关电压，如三相电压不平衡超过5％则表明由电动机电源开关至配电室总开关一段的线路或某级开关故障。处理方法为由配电室电源总开关逐级测量三相电压，如测至某一级开关三相电压不平衡时则表明由该开关至上一级开关之间的线路或开关有故障，一般为接触不良，查找故障点予以排除。

42. 怎样查找接地、速断故障？举例说明。

接地故障查找方法：

非金属性接地：使用小电流接地仪无法查找，在线路的干线上有干线开关的拉开干线开关，如变电所接地解除，说明接地点在干线开关下侧，继续沿干线巡视查找；如拉开干线开关变电所接地没有解除，接地点在电源侧，沿线路向电源侧进行巡视查找。如有支线开关的，拉开支线开关，接地解除，沿着支线线路继续巡视查找找到事故点。根据事故点情况，停电、验电、挂接地线，处理故障。

速断故障查找方法：

线路干线有干线开关，拉开干线开关，联系送电，变电所送电正常，在干线开关下侧巡视查找。拉开干线开关下侧支线开关，合上干线开关，送电正常，合上支线开关，如变电所速断故障，故障点就在这个支线上，沿着支线线路巡视找到事故点。如拉开干线开关，联系送电，变电所送电速断故障，在干线开关电源侧巡视查找。拉开干线开关电源侧的各支线开关，联系送电，变电所送电正常，合上各支线开关，如有变电所速断故障，拉开刚合上的支线开关，变电所送电正常，则故障点就在刚拉开的支线上，沿支线线路巡视找到事故点。根据事故点情况，停电、验电、挂接地线、处理故障。

举例（图70）：变电所发生接地或速断故障，没有小电流接地仪，没有故障寻址器，通过以下方法查找故障。

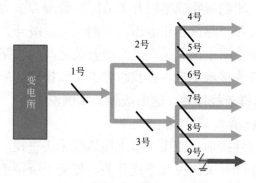

图70　接地、速断故障举例

（1）拉开 1 号户外开关，变电所空送电缆，送不上故障点在变电所与 1 号开关之间；送电正常，故障点在 1 号开关下侧。

（2）继续查找，拉开 2 号、3 号干线开关，合上 1 号开关，变电所送电送不上故障点在 1 号、2 号、3 号开关之间；如送电正常，故障点在 2 号、3 号开关下侧。

（3）继续查找，拉开 4 号、5 号、6 号分支开关，合上 2 号开关，变电所送电送不上故障点在 2 号、4 号、5 号、6 号开关之间；如送电正常，故障点在 4 号、5 号、6 号开关后侧，分送 4 号、5 号、6 号开关，哪个送不上故障点就在哪个开关下侧。

（4）继续查找，拉开 7 号、8 号、9 号三条分支开关，合上 3 号开关，变电所送电送不上故障点在 3 号、7 号、8 号、9 号开关之间，如送电正常，故障点在 7 号、8 号、9 号开关后侧，分送 7 号、8 号、9 号开关，哪个送不上故障点就在哪个开关下侧。

（5）如图显示故障点在 9 号开关下侧，拉开 9 号开关，隔离故障段后，合上其余所有开关，恢复正常送电。

（6）选出故障段后，逐基对导线、绝缘子、配电设备等部件认真进行巡视查找，直到找出故障点。

43. 怎样利用小电流接地探测仪查找接地故障？故障原因及处理方法是什么？

故障现象：

金属性接地，接地相电压为 0kV。

故障原因：

（1）导线断线。

（2）树木搭接线路导电部位。

（3）单相绝缘子击穿。

（4）反引线、跳线，搭在电杆或金属构件上。

（5）拉线与带电部位接触。

（6）鸟巢、小动物等接触带电部位。

（7）电气设备绝缘击穿。

处理方法：

（1）在小电流接地电网运行中，当发生单相接地故障时，绝缘监察装置会发出接地信号，运行值班员应当根据信号和电压表指示，天气情况以及运行方式等进行综合分析，正确判断线路是否确实接地，并及时汇报调度和领导，做好有关记录。

（2）使用前向调度确认探测器主机已打到发讯位置，探测器功能正常。

（3）使用小电流接地仪在干线中间位置进行测量，分别按下 +9V、-9V 按钮，判断表内电池电量是否充足（指针满偏为充足）。

（4）按测量按钮，观察指针偏转：接地仪指针摆动很大，说明接地点在测量点与线路末端之间；接地仪电流表针不摆动，说明接地点在测量点与电源之间。

（5）沿接地仪指针摆动大的方向进行查找，当接地仪指针偏转角度变小时，接地点在当前位置的后侧线路。

（6）若有分支线，选择接地仪指针摆动大的方向进行查找，直至找到接地点。

44. 怎样利用故障寻址器查找速断故障？注意事项及故障原因是什么？

查找方法：

（1）根据线路长短、自然分段情况、是否装有故障寻址器等，以及用户或群众反映情况确定故障查找方法。

（2）对于安装故障指示器的线路，有远传系统的会自动将故障段以短信形式发送到处理人员手机上（如图71所示故障地点在5-6之间）。

（3）对于没有安装远传系统的，当系统发生故障时，从电源开始，沿着故障指示灯闪亮（或翻红）的线路一直查找，最后一个闪亮点（或翻红），就是故障区段的开始点；从开始点到下一个故障指示器之间为故障段（图71故障地点在5—6之间）。

（4）选出故障段后，逐基对导线、绝缘子、配电设备等部件认真进行巡视查找，直到找出故障点。

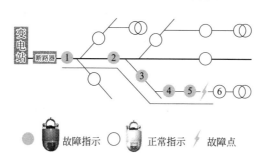

图71　利用故障寻址器查找故障

注意事项：

（1）观察故障指示器时按照故障巡视的规定进行。

（2）始终认为线路带电。

故障原因：

（1）外力破坏导致倒杆、断线等。

（2）导线弛度大引起混线。

（3）树木引起的短路故障。

（4）两相绝缘子击穿。

（5）鸟巢、小动物等接触带电部位。

（6）反引线、跳线烧断或大风刮断，搭在其他相上。

（7）连接部位过热放电，引起弧光短路。

（8）电气设备绝缘击穿等。

45. 怎样使用电缆故障测试仪判断电缆故障？注意事项有哪些？

操作步骤：

（1）断开待测电缆各侧电源。

（2）将电缆充分放电，挂接地线，使用绝缘电阻表或万用表判断电缆故障形式，选择故障相电缆进行测试。

（3）开机：将电缆故障测试仪电源开关打开。

（4）设置工作状态：按任意一个数字键，使仪器处于"工作种类选择"状态，然后按"1"键，仪器便工作在低压脉冲测试状态。

（5）选择脉冲宽度：脉冲宽度预置"0.2μs"时可测短于 1000m 的电缆；脉冲宽度预置"2μs"时，电缆测试长度能达到十多公里。

（6）调节波形位置及亮度：按"采样"键，调节幅度及位移旋钮，使波形幅度处于合适位置；调节亮度旋钮，使亮度适中。

（7）选择电缆的电波传播速度：按动"介质选择"键，每按一次该键荧屏上方循环出现："油浸纸 160m/μs；不滴流 160m/μs；交联 172m/μs；聚氯 184m/μs；自选介质"，根据实际电缆进行选择。

（8）长度在 2500m 左右范围内，可选用 15MHz 采样频率；长度在 3500m 左右范围内，可选用 10MHz 采样频率；

若电缆特长或故障点距离较远时，则选用 5MHz 采样频率。

（9）接线：将测试线插头插到仪器的输入插口上；测试线的芯线（红色夹）与电缆相线连接；测试线的屏蔽层连线（黑色夹）与电缆地线连接。

（10）采样：按动"采样"键，采集故障波形。

（11）测量故障点距离：按动"右移"键，将游标移动到脉冲起始点 t1，再按动"定位"键，游标定位后，再按"右移"键，将活动游标移到反射脉冲拐点 t2 位，则屏幕上自动显示出故障点到测试端的距离。

（12）关机：将电缆故障测试仪电源开关断开，电缆放电后方可拆除接线。

注意事项：

（1）测量电缆故障时，必须将电缆各侧电源断开，并将电缆充分放电。

（2）严格按使用说明书进行操作。

 配电线路风险点分析及控制措施

1. 组织配电线路施工风险点及控制措施是什么？

风险点：

（1）现场勘查不准确。

（2）工作任务不清。

（3）工作负责人和工作班成员选派不当。

（4）行车中发生交通事故造成人员伤亡。

（5）使用不合格的工器具。

控制措施：

（1）勘查现场资料保存建档，以便核查是否准确。

（2）作业前核对工作票与勘察记录是否一致，制定可行的施工方案。

（3）下达工作任务时，派工人（小队领导或班组长）应在工作任务单注明工作地点、地段、工作内容及风险点。

（4）派工人提问工作负责人与工作班成员对工作地点、地段、工作任务和风险点是否清楚。

（5）工作负责人应具备条件，有较强的责任心和安全意识，熟练掌握工作标准。

（6）工前应注意工作人员精神状态及健康状态，并询问本人。

（7）工作负责人指定乘车长，乘车长负责协助司机瞭望、提醒司机注意车速、行人等。

（8）乘车人员严禁在车上打闹，严禁将头部伸出车外。

（9）乘车长在发车前检查材料工具是否绑牢，防止伤人。

（10）乘车长在发车前观察司机精神状态是否正常。

（11）乘车长监督司机在行车时遵守交规。

（12）绝缘安全工器具使用前应进行外观检查合格，电压等级与实际相符并保持干燥、洁净。

（13）检查现场使用的绝缘工器具的有效绝缘长度能够满足操作带电设备时人体与带电设备保持足够安全距离的要求。

2. 验电、挂地线作业的风险点及控制措施是什么？

风险点：

（1）高、低压感应电触电。

（2）直接触电。

（3）误登杆触电。

（4）高处坠落。

（5）物体打击。

控制措施：

（1）验电工作应由两人进行，一人验电，一人监护，监护人的视线始终注视操作人的行为。

（2）验电前必须核对停电线路的名称和杆号。

（3）验电工作要使用合格的相应电压等级的验电工具，验电人员应戴好绝缘手套。

（4）在同杆塔架设多回路高、低压线路上验电，必须先验低压后验高压，先验下层后验上层，先验近侧后验远侧，当验明线路确无电压后，必须立即装设好地线后再验上层，人员不得碰触或穿越无地线的导线。

（5）电缆头上必须逐相验电、放电、装设地线后，方可进行上层验电、装地线。

（6）装设地线工作，先接接地端，后接导线端，拆时与此相反，上述工作人员必须使用合格的绝缘棒，人体不得碰触导线和地线。

（7）对绝缘导线必须在裸露的导电体上验电、装设接地线。

（8）上杆前应先检查杆根和脚扣牢固可靠，雨雪天注意防滑。

（9）在杆、塔上工作，作业人员必须戴好安全帽，系好安全带。

（10）传递工具应使用传递绳。

（11）安全带应系在电杆及牢固的构件上，应防止安全带从杆顶脱出或被锋利物伤害，系安全带后必须检查扣环是否扣牢，在杆塔上作业转位时，不得失去安全带保护，杆塔上有人工作时，不准调整或拆除拉线。

3. 倒闸操作的风险点及控制措施是什么？

风险点：

（1）高、低压感应电触电。

（2）弧光灼伤。

（3）物体打击。

（4）高空坠落。

（5）绝缘杆、验电器随处乱放受潮，易造成人身触电。

控制措施：

（1）操作前认真核对线路名称、杆号，严格执行监护制、复诵制。

（2）操作应由两人进行，一人操作，一人监护。

（3）登杆操作时，操作人员严禁穿越和碰触低压导线。

（4）停电时应先拉真空开关，并检查真空开关在开位后再拉隔离开关，严禁带负荷拉刀闸。

（5）作业结束时，应检查线路地线全部拆除，无妨碍送电方可操作。

（6）送电时隔离开关必须检查合到位。

（7）上杆作业必须戴好安全帽，全过程系安全带，操作时应戴绝缘手套。

（8）倒闸中发现疑问之处，不准擅自更改操作票，必须向发令人请示，待清楚明白后方可继续进行操作。

（9）雷电时严禁进行倒闸操作。

（10）操作应使用合格的绝缘杆，雨天操作应使用带防雨罩的绝缘杆。

（11）操作中使用的绝缘杆应妥善存放，严禁沿地平放，由于受潮，导致绝缘能力降低。

4. 紧、放线工作的风险点及控制措施是什么？

风险点：

（1）紧放线时倒杆、跑线伤人。

（2）感应电伤人。

（3）高处坠落。

控制措施：

（1）紧放线工作应设专人统一指挥，统一信号，并保证信号畅通。

（2）紧放线所使用的工具设备应合适，其强度应满足荷重要求。

（3）交叉跨越各种线路、铁路、公路、河流时，应先做好安全措施。

（4）严禁采用突然剪断导、地线的方法放线。

（5）紧、放线前检查拉线、杆根、横担、导线接头、滑轮是否满足紧放线要求，工作人员不得跨在导线上或站在导线内角侧。

（6）当牵引绳索或导线卡住、受力时不得直接用手处理。

（7）放线轴应放置牢固，并有制动措施，设专人看守。

（8）应拉开作业地段范围内的低压线路的电源，并验电、挂接地线。

（9）上杆前应先检查杆根和登杆工具牢固可靠。

（10）紧、放线工作时，安全带必须系在杆塔牢固构件上，杆塔上转移过程中不得失去安全带的保护。

5. 立杆、撤杆工作风险点及控制措施是什么？

风险点：

（1）电杆挤伤、砸伤。

(2) 工器具伤人。

(3) 倒杆砸伤人。

(4) 机械伤害。

(5) 起重伤害。

控制措施：

(1) 起重工作应专人指挥，统一信号，使用吊车时，吊臂、吊件下严禁站人。

(2) 穿绳索及滚动电杆时注意手脚安全。

(3) 使用汽车运电杆不得超载，必须绑扎牢固，防止滚动、移动伤人。

(4) 吊车钢丝绳套应绑在电杆重心偏上位置，防止电杆上重下轻。

(5) 吊装时应保持平稳、速度均匀，发现异常应立即停止作业。

(6) 在撤杆过程中，拆除杆上导线前应先检查杆根，做好防倒杆措施，在挖杆坑前应先绑好牵引绳并使其受力。

(7) 立杆过程中坑内严禁有人，除指挥人员外，其他人员必须远离杆下 1.2 倍杆高的距离以外。

(8) 挖坑填土过程中注意锹镐伤人。

(9) 已经立起的电杆只有在杆基回填土全部夯实后，方可攀登撤去钢丝绳，施工人员应戴安全帽。

(10) 起重物不得长时间悬挂在空中，需暂时停在空中时，严禁驾驶人员离开驾驶室。

6. 下底盘、拉线盘作业风险点及控制措施是什么？

风险点：

(1) 扭伤。

（2）砸伤。

（3）夹伤手指。

（4）杆坑塌方伤人。

控制措施：

（1）下底盘、拉线盘时，应先将坑边土清理干净，留有站人和放盘的位置。

（2）采用吊杆、吊车等方法下底盘、拉线盘时，坑内严禁有人。

（3）吊车在起吊转位时防止碰伤其他工作人员，吊车吊臂下、重物下严禁站人。

（4）下拉线盘时，人员不得直接扶持拉线棒，应用足够长的绳索控制，拉线棒的正面严禁站人。

7. 测量工作风险点及控制措施是什么？

风险点：

（1）高、低压感应电触电。

（2）高空坠落。

（3）弧光灼伤。

（4）使用测量工具不合格触电伤人。

控制措施：

（1）配电变压器带电测量工作应由两人进行，一人操作，一人监护，夜间作业光照应充足。

（2）测量时注意观察测量器具与相邻相之间的距离，防止相间短路。

（3）登杆测量前辨别高低压侧，在监护下登杆，测量时与带电设备保持安全距离。

（4）测量人员必须戴好安全帽，系好安全带。

（5）测接地电阻解开或恢复接地线时，应戴绝缘手套，严禁直接接触与地断开的接地线（不平衡负荷时有电流）。

（6）电缆测量绝缘电阻必须测量一相放电后，再进行一相测量工作（测量一相时，其余相短路接地）。

（7）在线路带电情况下，测量导线交叉跨越距离时，必须用合格的绝缘测量杆和绝缘绳进行测量。

8. 更换变压器风险点及控制措施是什么？

风险点：

（1）村屯附近变压器低压返馈电触电伤人。

（2）误登杆塔触电伤人。

（3）滑落或高空坠落。

（4）碰撞或坠物伤人。

（5）机械碰撞或伤人。

控制措施：

（1）作业人员应戴好安全帽，系好安全带。

（2）应使用合格的绝缘杆，雨天不得进行工作。

（3）停电操作应由两人进行，一人操作，一人监护。

（4）雷电时严禁进行倒闸操作。

（5）拉开低压刀闸，验电后装设地线，防止返馈电。

（6）高、低压电缆头作业应先放电再装设地线。

（7）使用仪表先检查表线的绝缘。

（8）确认手抓牢固构件，且后备防护有效后，方可移位。

（9）吊车的吊钩要有保险装置，防止钢丝绳脱钩，造成被吊物倒落。

（10）遇有大风恶劣天气停止起吊工作。

（11）吊放变压器工作应专人指挥，保持安全距离。

（12）吊放变压器前对吊装带进行外观检查，合格后再使用。

（13）检查吊车吊环是否扣牢。

（14）吊放变压器及吊车转位时，吊臂下严禁站人。

（15）作业现场设专人看守，装设明显的遮拦、警告标志等防止行人靠近。

9. 伐树工作风险点及控制措施是什么？

风险点：

（1）高、低压感应电触电。

（2）高空坠落。

（3）触电伤人。

（4）倒、落树木伤人。

控制措施：

（1）工作人员应戴好安全帽和系好安全带。

（2）砍伐树木周围严禁有人，清障砍剪树木时，须设专人全程监护。

（3）砍剪与带电线路接触的树木必须将线路停电，严禁带电砍剪。

（4）砍剪后的树枝接近或接触高压带电导线时，应用绝缘工器具处理或将线路停电，严禁用手直接去取。

（5）砍剪树木时使用的绳索、工具与导线之间应保持1.0m以上的安全距离。

（6）现场设置专责监护人，确保作业全过程与带电设备保持安全距离。

（7）上树砍伐树木时，不应攀抓脆弱或枯死的树枝。

10. 巡视工作风险点及控制措施是什么？

风险点：

（1）触电伤人。

（2）摔伤。

（3）车辆碰撞伤害。

（4）巡视人员溺水。

（5）动物伤害。

（6）工作人员跨步电压感应电触电。

控制措施：

（1）巡视工作应由有电力线路工作经验人员担任，新人员不得单独巡视。

（2）单人巡线禁止攀登杆塔。

（3）事故巡线应始终认为线路带电，即使明知线路已停电，也应认为线路有随时送电的可能，时刻保持安全距离。

（4）巡视线路时，保持精力集中，注意地面的沟、坑、洞等，防止人员失足掉入，摔跌伤人。

（5）在公路、铁路附近注意往来车辆。

（6）遇有不明深浅的河流，不得蹚水过河，春冬两季不得踏薄冰过河。

（7）偏僻村屯和夜间巡视必须两人进行，经过村屯时小心狗咬伤。

（8）夜间巡线应携带足够的照明工具，夜间巡线应沿线路外侧进行，大风天沿线路上风侧进行，以免触及断落导线。

（9）巡线人员发现导线断落地面或悬挂空中，户外应防止人员靠近断线地点 8m 以内，配电站内应防止人员靠近断线地点 4m。

参考文献

[1] 庞景旺，孙希峰. 配电线路工 [M]. 北京：石油工业出版社，2021.

[2] 徐立东，蒋长春. 油气田开发专业危害因素辨识与风险防控 [M]. 北京：石油工业出版社，2018.